设施园艺作物生产关键技术问答丛书

设施辣椒
栽培与病虫害防治

SHESHI LAJIAO ZAIPEI YU
BING CHONGHAI FANGZHI BAIWEN BAIDA

王 帅 主编

中国农业出版社
北 京

《设施辣椒栽培与病虫害防治百问百答》
编写人员名单

主　　编　王　帅

副 主 编　徐　进　王铁臣　李红岑

参编人员（按姓氏音序排序）：

曹之富　郭　芳　韩永茂

侯　爽　刘建军　王广世

王书娟　赵　鹤　赵立群

前言
FOREWORD

　　辣椒又名番椒、海椒、秦椒、辣茄等，原产于拉丁美洲热带地区。原产国是墨西哥，从墨西哥到秘鲁，古印第安人在不同地域驯化了这种作物。15世纪末，哥伦布发现美洲之后把辣椒带回欧洲，并由此传播到世界其他地方。早在公元前7500年辣椒已被用作烹调食品。明代末期，由海路从美洲的秘鲁、墨西哥传入中国。今中国各地普遍栽培，辣椒成为一种大众化蔬菜。

　　辣椒属为一年或多年生草本植物。辣椒中含有丰富的维生素C，每100克辣椒中维生素C含量高达198毫克，居蔬菜之首。B族维生素、胡萝卜素以及钙、铁等矿物质含量也比较丰富。同时，辣椒中的辣椒素还具有抗炎及抗氧化作用，有助于降低心脏病、某些肿瘤及其他一些慢性病的患病概率。辣椒不仅能促进人的食欲，还有一定的食疗作用，尤其近年随着生物化学和营养学的研究进展，它被认为可以促进体内蓄积脂肪的"燃烧"，达到减肥的目的，辣椒逐渐成为人们不可缺少的蔬菜。辣椒为重要的蔬菜和调味品，种子油可食用，果亦有驱虫和发汗之效。其较高的药用价值和食用价值使其深受消费者喜爱，也使其成为人们餐桌上的主要蔬菜之一。

　　但您对辣椒真的了解吗？辣椒来自哪里，又是怎样传入中国的？辣椒在国内外的生产情况是怎样的？辣椒有多少种类？辣椒为什么会辣？世界上较辣的辣椒都有哪些？什么样的人不适宜吃辣椒？这本书将——为您解答。让您在享受辣味美食的同时，真正地了解辣椒的前世今生、了解辣椒的特性、了解辣椒对环境条件的要求，同时也可探索辣椒种植的技术。

由于时间仓促，错误和疏漏之处在所难免，敬请广大读者批评指正。

本书承蒙现代农业产业技术体系北京市果类蔬菜创新团队支持，在此深表感谢。

编　者

目 录
CONTENTS

前言

视频目录

一、概　　述

　　辣椒（*Capsicum annuum* L.）别名番椒、海椒、牛角椒、长辣椒、彩椒、灯笼椒、秦椒、辣茄，为茄科辣椒属一年或有限多年生草本植物，辣椒原产于中南美洲热带地区，原产国是墨西哥。在中国主要分布在四川、贵州、湖南、云南、陕西、河南（淅川县）、河北鸡泽县和内蒙古托克托县。本种原来的分布区在墨西哥到哥伦比亚，现在世界各国普遍栽培。茎近无毛或微生柔毛，分枝稍"之"字形折曲，叶互生，矩圆状卵形、卵形或卵状披针形，全缘，花单生，俯垂；花萼杯状；花冠白色，裂片卵形；花药灰紫色。果梗较粗壮，俯垂；种子扁肾形，淡黄色。主要有 3 大类变种，一是菜椒、灯笼椒，我国南北均有栽培，市场上通常出售的菜椒即为此变种；二是朝天椒，我国南北均有栽培，常作为盆景栽培；三是簇生椒，我国南北均有栽培，通常作盆景或少量种植作为蔬菜或调味品。

　　目前，我国辣椒种植面积 150 万公顷（2 250 万亩[*]）左右，占蔬菜总种植面积的 10% 左右。辣椒生产主要集中在 6 大产区：①南菜北运基地（广东、海南、广西、云南、福建）；②露地夏、秋季主产区（京北、晋北、冀北、内蒙古及东北三省）；③高海拔地区主产区（宁夏、新疆、青海、湖北长阳等）；④嗜辣、高辣度主产区（湖南、贵州、四川、重庆）；⑤华中主产区（河南、

---

　　*　亩为非法定计量单位，1 公顷＝15 亩。——编者注

安徽、陕西、冀南、鲁南）；⑥北方保护地主产区（山东、河北、辽宁、晋北、内蒙古、豫北及吉林、黑龙江等）。

1. 辣椒起源于哪里？

辣椒原产中、南美洲、墨西哥、秘鲁等地。公元前 6 500—公元前 5 000 年，在墨西哥中部拉瓦堪山的遗迹中曾有辣椒种子出土；在南美秘鲁公元前 2 000 年的古墓中，发现干辣椒和栽培种子。直到现在，还有一些印第安人采集野生椒，拿到市场上出售。我国发现野生椒的时间较晚，20 世纪 70 年代才在云南西双版纳原始森林中发现野生椒中的小米椒。目前，辣椒 5 个主要栽培种起源于 3 个不同的中心：墨西哥是 *C. annum* 的初级起源中心，危地马拉是次级起源中心；亚马孙河流域是 *C. chinense* 和 *C. Fruteseens* 的初级起源中心；秘鲁和玻利维亚是 *C. pendulum* 和 *C. Pubescens* 的初级起源中心。

2. 辣椒是如何传入中国的？

1492 年，哥伦布发现新大陆，带来了世界农作物史上的巨大变革，美洲大陆的部分栽培植物如辣椒、马铃薯、烟草等传入欧洲。1548 年，辣椒由地中海地区传入英格兰，16 世纪末被传入欧洲中部，1542 年以前葡萄牙人从巴西把辣椒带到印度，天正十一年辣椒传入日本，16 世纪末传入朝鲜，进入 17 世纪，许多辣椒品种传入东南亚各国。辣椒传入我国的具体时间和线路，现存汉文史书上尚未明确记载。但根据最早著录推测，辣椒传入中国应该是在明末清初，大量传入则是在 1683 年，康熙二十二年大开海禁之后，经两条途径传入，一是经由古丝绸之路传入甘肃、陕西等地，故有"秦椒"之称；二是经海路引入广东、广西、云南等地。辣椒传入我国并迅速被大众接受，不仅推动我国饮食革命，还促进农业经济的发展，辣椒文化也随之产生。

3. 辣椒为什么会辣？

辣椒会辣主要是由于辣椒果实内含有辣椒素。辣椒素是一种含有香草酰胺的生物碱，能够与感觉神经元的香草素受体亚型1（Vanilloid Receptor subtype 1，VR1）结合。由于VR1受体激活后所传递的是灼热感（它在受到热刺激时也会被激活），所以吃辣椒的时候，人们感受到的是一种烧灼的感觉。这种灼热的感觉会让大脑产生一种机体受伤的错误概念，并开始释放人体自身的止痛物质——内啡肽，所以可以让人有一种欣快的感觉，越吃越爽，越吃越想吃。

美国科学家韦伯·史高维尔（Wilbur L. Scoville）在1912年，第一次制定了评判辣椒辣度的单位，就是将辣椒磨碎后，用糖水稀释，直到察觉不到辣味，这时的稀释倍数就代表了辣椒的辣度。为纪念史高维尔，所以将这个辣度标准命名为Scoville指数，而"史高维尔指标"（Scoville Heat Unit，SHU）也就成了辣度的单位。目前，史高维尔品尝判别辣度的方法已经被仪器定量分析所替代，但是他的单位体系被保留了下来。讨论辣椒的辣度，我们只要看看它们的Scoville指数就行了。

4. 高辣度的辣椒都有哪些？

目前，全世界辣度较高的辣椒有，黄魔鬼辣椒，辣度为75万史高维尔；中南美洲巧克力魔鬼辣椒，辣度为92万史高维尔；印度魔鬼辣椒，辣度为101万史高维尔；千里达辣椒，辣度为148万史高维尔；阴阳毒蝎王鬼辣椒，辣度为

166 万史高维尔。而我们一般吃的朝天椒辣椒约为 3 万史高维尔。

5. 如何解辣？

辣椒素是一种含有香草酰胺的生物碱，可以溶解于酒精中，因此可用食用酒精或高度白酒漱口解辣，也可以用糖水反复漱口多次解辣。

6. 国外辣椒的生产情况是怎样的？

目前，世界辣椒种植面积 370 万公顷，产量 3 700 万吨，是世界上最大的调味料作物。其中，干辣椒世界种植总面积 200.15 万公顷，总产量 278.97 万吨，印度产量 124.4 万吨，约占世界总产量的 44.59%，中国 25.0 万吨约占 8.96%，秘鲁占 5.91%，孟加拉国占 15.4%；鲜椒生产中国 1 402.63 万吨，占世界总产量的 51.8%，墨西哥占 6.92%，土耳其占 6.44%，印度占 4.13%，西班牙占 3.91%，美国占 3.16%。中国和印度在辣椒种植面积及产量上分别居世界第一位、第二位。

在辣椒产业发展中，全球约有 2/3 的国家种植辣椒，但由于自然、气候、生产、消费等因素的影响，辣椒生产主要集中在亚洲、欧洲和北美地区。目前，世界上著名的辣椒产地有中国、印度、西班牙、墨西哥、智利、摩洛哥、津巴布韦等，而且地球上辣椒分布最多的地区明显连成了一片，成为一条又长又粗的"辣椒带"，东起亚洲朝鲜、经过中国中南部、向南经泰国到印度尼西亚、向西经缅甸、孟加拉国、印度、西亚诸国、非洲北部国家到大西洋东岸诸国。在这条辣椒带上，各国居民大多喜食辣椒，是世界有名的"辣椒食用带"。

7. 我国辣椒的主产区分布在哪?

总体上我国辣椒可分为 6 大主产区,表 1-1,不同主产区所生产辣椒类型有所不同,具体如下。

表 1-1　我国辣椒 6 大主产区

编号	主产区名称	主要省份、区、县等
1	南菜北运主产区	海南、广东、广西、福建、云南
2	露地夏、秋辣椒主产区	北京延庆,河北张家口、承德,山西大同,内蒙古赤峰、开鲁,东北三省
3	高海拔地区辣椒主产区	甘肃、新疆、山西、湖北长阳
4	嗜辣、高辣度辣椒主产区	湖南攸县和宝庆,贵州遵义、大方、花溪和独山,四川宜宾、南充,湖北宜昌,重庆石柱
5	北方保护地辣椒生产区	山东、辽宁等华北地区
6	华中生产区	华中河南、安徽、河北南部、陕西等地

① 南菜北运主产区。该区包括海南、广东、广西、福建、云南。主要类型有线椒、绿皮羊角椒、黄皮羊角椒、灯笼形甜椒、泡椒、圆锥形甜椒。

② 露地夏、秋辣椒主产区。该区包括北京延庆、河北张家口、山西大同、河北承德、内蒙古赤峰和开鲁以及东北三省。主要类型有黄皮牛角椒、厚皮甜椒、金塔类型干椒、彩椒。

③ 高海拔地区辣椒主产区。该区包括甘肃、新疆、山西、湖北长阳。主要类型有线椒、螺丝椒、厚皮甜椒、泡椒、干椒、牛角椒。

④ 嗜辣、高辣度辣椒主产区。该区包括湖南攸县和宝庆,贵州遵义、大方、花溪和独山,四川宜宾、南充,湖北宜昌,重庆石柱。主要类型有线椒、条椒、干椒、朝天椒、羊角椒。

⑤ 北方保护地辣椒生产区。该区包括山东、辽宁等华北地区。主要类型有厚皮甜椒、早熟甜椒、黄皮牛角椒、大羊角椒、彩椒。

⑥ 华中主产区。该区包括河南、安徽、河北南部、陕西等。主要类型有朝天椒、线椒、绿皮羊角椒、黄皮羊角椒、泡椒、黄皮牛角椒、甜椒。

8. 我国辣椒的生产情况是怎么样的？

我国辣椒种植已有 400 多年历史，不少地区均有种植，备受消费者青睐，进入 20 世纪 90 年代以后，在辣椒及其加工制品市场需求不断增长的推动下，我国辣椒产业快速发展，并呈现出基地化、规模化、区域化的特点。据统计 1991—1997 年，我国辣椒种植面积和总产量分别以 7.67% 和 9.53% 的速度增长，高出世界平均增速 5.44% 和 4.88%。截至 2018 年，我国辣椒种植面积已达到 213 万公顷，世界辣椒产业发展较快，其中尤以中国发展最为迅速。目前，中国已成为世界上最大的辣椒生产国、消费国和出口国。

随着高效农业的推进，我国辣椒生产迅速发展，栽培面积不断扩大，储藏加工技术稳步发展。我国食辣人群高达 40%，国内辣椒贸易量达 980 亿元以上。干制辣椒成为我国的名优特产也是重要的出口创汇产品。目前，我国辣椒种植面积仅次于白菜居蔬菜作物第二位，产值和效益则高于白菜而雄踞蔬菜作物之首。目前，辣红素和辣椒碱市场前景广阔，辣红素是世界销量最大的天然色素，市场每年需求量大约为 8 000 吨，我国辣椒碱年产量在 200 吨左右。据对陕西、四川、贵州、湖南、湖北等红辣椒主产区市场调查显示，2003—2018 年，红辣椒市场前景广阔，国内外市场销量及价格均有增加。近年来，国家加大农业投入，全国辣椒总产量有所增加。一批有影响力的品牌产品和龙头企业相继诞生，提高了辣椒精深加工产品比重，促进了辣椒产业化发展。

9. 我国辣椒生产都有哪些种类?

自 20 世纪 70 年代末我国便开始进行全国辣椒种质资源的搜集、整理和研究,至 80 年代末已收集种质资源 2 000 多份。由于我国地域辽阔,气候、土壤类型复杂,栽培制度多样,因而形成了丰富的辣椒种类。从果实大小、形状、色泽、品质等方面都表现出多样化。依果形可分为线椒、羊角椒、牛角椒等类型,还分为灯笼形、扁柿形、圆锥形、指形、樱桃形及果面皱皮类型。

10. 辣椒在蔬菜生产中的地位如何?

辣椒在我国蔬菜生产中占有重要地位,主要表现在两个方面,一是辣椒在我国是一种重要的蔬菜。目前,在我国辣椒已经发展成为仅次于白菜的第二大蔬菜作物,常年种植面积稳定在 130 万公顷以上,产值和效益居蔬菜作物之首。全国有 20 多个省都有辣椒栽培,其中年种植面积超过 7 万公顷(100 万亩)的省有 6 个江西、贵州、湖南、河南等。我国的西北、西南、东北和湖南、湖北、江西位于著名的"辣椒带"范围内,湖南人嗜食辣椒,天下闻名,几乎达到无辣椒不能下饭,无辣椒食之无味的地步;贵州、四川也是如此,人们常不无戏谑地说湖南人是"怕不辣",四川人"不怕辣",江西人是"辣不怕"。另外,中国八大名菜系中,川菜和湘菜占有两席,这两种类型菜品均以辣闻名。这些充分说明辣椒是我国的重要蔬菜作物。二是辣椒是一种重要的经济作物。2003 年,我国农业总产值 17 247 亿元,占国民经济总产值的 15%,其中辣椒总产值 700 亿元,占农业总产值的 4%。同时,近年来,我国辣椒加工企业不断涌现,如"老干妈""老干爹""乡下妹""坛坛香""辣妹子"等,规模较大的企业有 200 多家，主要生产油辣椒、发酵辣椒和辣椒风味食品等产品，竞争优势强，在国内外占有较大的市场份额，并出口美国、德国、日本等国家。贵阳南明老干妈风味食品有限公司生产的"老干妈"系列辣椒调味品，年产值超过 15 亿元，其油辣椒制品在国内已占有 60％以上的市场销售份额。

11. 辣椒有哪些价值？

辣椒是一种重要的调味作物，除了作为一种偏好性食品外，由于其中含辣椒碱、辣椒红色素、可溶性多糖和维生素 C，在食品保健、农业、工业等行业均有极大的利用价值。

（1）食用价值。辣椒营养丰富，富含维生素 C、矿物质以及挥发油成分，其中维生素 C 的含量在蔬菜中居第一位，100 克辣椒中的维生素 C 含量是番茄的 9 倍、橙子的 1.5～2 倍。

（2）药用价值。辣椒具有促进食欲、抗寒、减肥、止痛、消除疲劳等功效。辣椒中含有的辣椒碱能刺激唾液及胃液分泌，因此，在食欲缺乏时适当吃一些辣椒，能刺激唾液和胃液分泌，增进食欲，促进胃肠的蠕动，帮助消化。辣椒素能刺激人体，使人心跳加快，加速血液循环，使皮肤血管扩张，血液流向体表，从而使人产生热感起到抗寒的作用。同时，在外用止痛、消除疲劳方面辣椒也具有很重要的作用，如辣椒可使皮肤局部血管扩张，从而促进血液循环对风湿痛、腰肌劳损及冻伤有一定的治疗作用；青椒汁能提高身体抵抗力，对于消除身体疲劳十分有效，还能使皮肤光泽美丽，具有美容的功效。另外，辣椒也有止痛散热、减肥的功效。辣椒素能减少传达痛感的神经递质，使人对疼痛的感觉减弱，且辣椒性温，能通过发汗降低体温，并缓解肌肉疼痛，具有较强的解热镇痛作用；据日本有关人士研究证明，辣椒中所含有的辣椒素，能够促进脂肪的新陈代谢，防止体内脂肪的积存，因此，食用辣椒可以防止肥胖。

12. 辣椒的主要功效有哪些?

辣椒中含有众多功能性物质如辣椒碱、辣椒红色素和可溶性多糖,其在食品保健、医学、农药、军事等领域皆有重要作用。

其中,辣椒碱能使运动时的动物更有效地利用脂肪酸作为能量的来源,有利于增强机体耐力、抗疲劳;同时辣椒碱能减少脂肪细胞个数,改善微循环,也可作为化妆品的有效成分。辣椒碱感受性知觉神经通过黏膜血流、胃蠕动等胃功能的调节过程对黏膜防御机构发生重要作用,不仅在对胃黏膜发生损伤时起到防护作用,也有利于损伤的恢复;长期摄取低剂量辣椒碱类物质,能显著降低血清中的胆固醇,这对于预防心脑血管疾病具有重要的医学意义。另外,经过研究发现辣椒碱对昆虫及啮齿类动物具有很强的排斥作用,含有此类物质的新型生物农药具有药效高、持效长、可天然降解的作用,可避免传统的农药残留对人体产生伤害。另外,辣椒碱具有较强的防腐蚀、抗菌的特性,也用于飞机、船只等表面涂料,减少飞机表面材料的腐蚀,防止船只被藻类附着。

辣椒红色素是我国油性食品、果冻、干酪、烘烤食品等加工食品的重要纯天然食品添加剂,其色泽鲜艳、色价高、着色能力强,可有效延长相关食品的货架期。辣椒红色素具有保护细胞DNA不受辐射破坏,尤其对于 γ 射线有着最彻底的保护作用,常被作为安全的天然色素添加到化妆品中。

根据相关实验结果证明,辣椒中的可溶性多糖不仅具有抗癌、抗炎、抗病毒、抗衰老等多方面药理活性,而且对物理、化学及生物来源的多种活性氧簇(ROS)具有良好的清除作用。抑制紫外线所导致的脂质过氧化、减少脂质过氧化物丙二醛的生成,具有较好的抗氧化作用。

二、辣椒生长发育特性

13. 辣椒的根、茎、叶、花、果实有哪些特性？

（1）**根**。辣椒属浅根性植物，直根系，主根不发达，主要根群分布在 10～15 厘米的土层内，茎基部不易产生不定根，根系发育较弱，木栓化程度较高，再生能力较番茄、茄子差，根量少，吸水、吸肥能力较弱，因此辣椒的根系不耐旱，又怕涝，对氧气含量要求严格。所以栽培时宜选择通气性良好的肥沃土壤，同时育苗和移植过程中注意保护根系，最好采用护根育苗（如穴盘、营养钵育苗等）措施。

（2）**茎**（彩图 1）。辣椒茎直立，木质化程度高，黄绿色，株高 30～150 厘米，腋芽萌发力较弱，茎端出现花芽后，以双杈或三杈分枝继续生长，冠幅小，适宜合理密植，但进行长季节栽培时应采用合理密植与整枝打杈相结合的方式进行，以获得最大的产量和效益。目前，辣椒按照分枝习性可分为无限分枝和有限分枝两种类型。绝大多数栽培品种均属于无限分枝型，各种簇生椒属于有限分枝型。不同类型、不同品种，在分枝结果习性上有其各自的特点。其中，甜椒类株型呈直立性，节间长，分枝角度小，通常一级分枝以后，不能每节形成两个分枝，仅其中一个腋芽得到发育，向上延伸，使植株直立向上。由于分枝少，果数相对应大为减少，根据株型直立、分枝数少的特点，甜椒多行密植栽培，有利于增产；长椒类，如牛角椒、羊角椒，株型半直立，节间较短，分枝角度较大，通常第一、二级分枝能形成两个分枝（叉状），或隔节形成两个分枝，故株型逐渐开展，分枝数、结果数也多，但两级以上分枝，一般只一个分枝发育，或一枝特强、一枝特弱，因此后期产量渐少，前期产量较高，该类型以早熟品种占多数。小椒类，如多数干椒品种，植株矮生，节间短密，分枝角度大，分枝数多，一至三级分枝大多能形成两杈分枝，三级以后多数变成单轴延伸。由于节间密，外观上结果成串，果重使枝条逐渐成为水平状，甚至下垂。这些品种果实小，但单株果数多，产量仍然较高。另外，辣椒主茎基部各叶节的叶腋均可生出侧枝，但开花结果较晚，并易影响田间通风透光，生产上一般都予以疏除。

（3）叶（彩图2）。辣椒叶片为单叶，互生，卵圆形或长卵圆形。通常甜椒较辣椒叶片稍宽，叶先端渐尖、全缘，叶面光滑，稍有光泽，也有少数品种叶面密生茸毛。叶片是制造有机物的"工厂"，也是辣椒丰产的基础，植株健壮才能高产优质。叶片的生长状况与栽培条件有很大关系，氮素充足时叶形长，而钾素充足，叶幅较宽；氮肥过多或叶温过高时叶柄长，先端嫩叶凹凸不平，低叶温时叶柄较短，土壤干燥时叶柄稍弯曲，叶身下垂，而土壤湿度过大则整个叶片下垂，一般叶片硕大、深绿色时，果形较大，果面绿色较深。在生产中应尽量多留功能叶片，保持合理叶面指数，及时疏除老叶、病叶（消耗叶），使叶片制造的营养充分积累到果实以获得最高产量。

（4）花。辣椒花为完全花，单生或簇生。辣椒花小，甜椒则较大。花冠白色、绿白色或紫白色，花瓣6片，基部合生，具有蜜腺。花萼5～7裂、基部联合，呈钟状萼筒。雌蕊1枚，子房2～6室。雄蕊5～7枚，基部联合，花药长圆形、浅紫色，成熟散粉时纵裂。一般花药与雌蕊柱头等长或柱头稍长。营养不良时易出现短柱花。辣椒为常异交作物，自然杂交率为10%。辣椒植株长至3～4片真叶时就开始进行花芽分化。当植株长到11片真叶时已能形成 28 个左右的花芽，所以育苗期间的环境条件及水肥管理对前期的坐果有重要的影响。

(5) 果实（彩图 3）。辣椒果实为浆果，下垂或朝天生长，因品种不同其果形和大小有很大差异，通常有扁形、圆球形、灯笼形、近四方形、圆三棱形（或多纵沟）、线形、长圆锥形、短圆锥形、长羊角形、短羊角形、指形、樱桃形等多种形状。一般甜椒品种果肩多凹陷，鲜食辣椒品种多平肩，制干辣椒品种多抱肩。果表面光滑，常有纵沟、凹陷和横向皱褶。果皮与胎座组织往往分离，形成较大的空腔。细长形果多为二室，圆形或灯笼形果多 3～4 室，果色有绿色、黄色、红色、紫色等多种颜色。果皮肉质厚薄因品种而异，一般为 0.1～0.8 厘米，甜椒较厚，辣椒较薄。一般大果型甜椒品种不含或微含辣椒素，小果型辣椒则辣椒素含量高，辛辣味浓。

14. **辣椒种子有哪些特性？**

种子扁平，近圆形、扁肾形，淡黄色，稍有光泽。千粒重 4.5～8 克，多着生在胎座上，少数着生在隔膜上。种子可在干燥、通风的条件下保存 2～3 年后发芽率显著降低，最佳使用期为 1～2 年。

15. **辣椒的生长发育周期是怎样的？**

辣椒的生长周期包括发芽期、幼苗期、开花坐果期、结果期四个阶段。

16. **辣椒的发芽期指的哪个阶段？**

发芽期是从种子发芽到第一片真叶出现，一般为 10 天左右。

发芽期的养分主要靠种子供给,幼根吸收能力很弱。

17. 辣椒发芽期对环境有哪些要求?

辣椒为喜温性蔬菜、不耐寒。25 ℃左右的温度最利于辣椒种子发芽及幼苗生长,低于 15 ℃或高于 30 ℃,辣椒种子的发芽率明显降低,发芽持续时间延长,发芽整齐度和集中程度降低,幼苗生长缓慢或者发生徒长。当温度在 10 ℃以下(含 15 ℃)或40 ℃以上(含 30 ℃)时,辣椒种子基本不发芽。

18. 辣椒发芽期对管理有哪些要求?

辣椒发芽期对管理的整体要求是迅速出苗、苗齐苗壮。管理上主要通过种子处理、催芽、温度管理等方式实现。其中在发芽期温度管理尤为重要,一般辣椒播种后白天温度保持在 25～30 ℃,夜间 20～25 ℃,待有 50％种子"破土"后,降低夜间温度至 15～18 ℃,防止下胚轴伸长较多,出现徒长苗,一般下胚轴控制在 1 厘米以下为宜。

19. 辣椒的幼苗期指的哪个阶段?

幼苗期,从第 1 片真叶出现到第 1 个花蕾出现为幼苗期。需45～60 天时间。幼苗期分为两个阶段:2～3 片真叶以前为基本营养生长阶段,3 片真叶以后,营养生长与生殖生长同时进行。

20. 辣椒的幼苗期对环境有哪些要求?

辣椒幼苗期白天适宜温度为 20～25 ℃,夜间适宜温度为16～18 ℃,最低温度不低于 15 ℃,最高温度不高于 32 ℃。

辣椒苗期分为 3 个时期，一是 3 片真叶前的营养生长；二是 3~5 片真叶的花芽分化；三是炼苗期。3 个时期对环境的要求略有不同，其中 3 片真叶以前的营养生长主要通过控制夜间温度及水肥供应，防止秧苗徒长，一般白天适宜温度为 20~25 ℃，夜间温度控制在 16~18 ℃为宜，最低气温在 13 ℃以上即可，根系温度在 14 ℃即可；3~5 片真叶时幼苗开始进行花芽分化，该时期，应适当提高夜间温度，18~20 ℃为宜，夜间温度不低于 15 ℃，否则易导致花芽分化异常、畸形果；白天温度不高于 35 ℃，否则后期易出现落花问题。

21. 辣椒的幼苗期对管理有哪些要求？

管理的整体目标是培育茎秆粗壮的壮苗，防止出现徒长或老化苗。

北方地区辣椒生产秧苗培育主要集中在两个时期，一是夏季育苗，7 月中下旬至 8 月上旬；二是冬季育苗主要集中 12 月中下旬至 1 月上中旬。不同时期育苗，管理略有差异。其中夏季育苗时主要进行遮阳降温、防止"徒长苗"发生；冬季育苗主要以提高根系温度和夜间气温为主，防止花芽分化不良及"老化苗"的产生。

表 2-1　辣椒优质壮苗、徒长苗及老化苗的形态特征

秧苗种类	形态特征
优质壮苗	12~15 片叶（早春茬口），根系发达，根白色，须根多，茎秆粗壮，节间短，茎粗 0.6 厘米，叶色深绿，叶肉肥厚，无病虫害，体内积累养分多，幼苗已有 90%现花蕾（但未开花），苗高 20 厘米左右
徒长苗	茎细、节间长、叶色淡、叶片薄、叶柄较长，根系发育弱、须根少，定植后缓苗慢、易发病和落花落果
老化苗	植株矮小、节间短、茎细而硬，木质化、根系老化，新根少而短，颜色暗。叶片小而厚，颜色深暗绿色，硬脆而无韧性，定植后生长慢，开花结果晚，前期花易落，前期坐果易出现坠秧现象

22. 辣椒的开花坐果期指的哪个阶段？

开花坐果期，从第 1 朵花现蕾到第 1 朵花坐果为开花坐果期，一般 10～15 天。此期营养生长与生殖生长矛盾特别突出，主要通过水肥等措施调节生长与发育、营养生长与生殖生长、地上部与地下部生长的关系，达到生长与发育均衡。

23. 辣椒的开花坐果期对环境、管理有哪些要求？

辣椒开花结果初期白天适宜温度 26～28 ℃，夜间 18～21 ℃，该期间温度低于 18 ℃、高于 35 ℃易导致落花、落果。

该时期应结合肥水管理进行适当蹲苗，调节植株地上部和地下部、营养生长和生殖生长的关系，使植株很好地坐果，促进早熟丰产。

24. 辣椒的结果期是指哪个阶段？

结果期，从第 1 个辣椒坐果到收获末期属结果期，此期经历时间较长，一般 50～120 天。结果期以生殖生长为主，并继续进行营养生长，需水需肥量很大。此期要加强水肥管理，创造良好的栽培条件，促进秧果并旺，连续结果，以达到丰收的目的。

25. 辣椒的"门椒""对椒""四门斗""八面风""满天星"分别指什么？

辣椒第 1 个分枝处的辣椒称为"门椒"，门椒向上再次分枝处各结 1 个辣椒，共 2 个，称为"对椒"。"对椒"结实后会进行第 2 次分枝，开花结实的 4 个辣椒称为"四门斗"，"四门斗"后再往上第 3 次分枝开花结实的辣椒称为"八面风"，到"八面风"再往上结实的辣椒称为"满天星"。

三、辣椒对生产环境的要求

26. 辣椒适宜生长的温度范围是什么？

辣椒喜温、不耐霜冻，对温度的要求类似于茄子。且辣椒不同生育期对温度要求也是不同的，种子发芽适宜温度为25～32 ℃，在此温度下约4天出芽，低于15 ℃不易发芽；幼苗要求较高的温度，生长适温白天为25～30 ℃，夜间20～25 ℃，地温17～22 ℃；生产上为避免幼苗徒长和节约能源，可采用低限温度管理，白天23～26 ℃，夜间18～22 ℃。开花结果期适宜的温度白天为20～25 ℃，夜间为16～20 ℃，低于15 ℃易出现落花现象，低于10 ℃，不开花，花粉活力丧失易引起落花落果。生产温度管理范围为13～35 ℃，最适温度为20～25 ℃，其中温度高于35 ℃时落花落果，坐果困难，温度高于40 ℃时植株高温危害死亡；温度低于13 ℃时，生长缓慢或停止生长，持续低于5 ℃时植株易发生寒害，低于0 ℃出现冻害。辣椒在生长发育时期适宜的昼夜温差为6～10 ℃，白天22～25 ℃，夜间16 ℃比较适宜。

27. 辣椒适宜生长的光照范围标准是什么？

辣椒对光照的要求比一般果菜类低，较耐弱光，怕暴晒，其光补偿点约1 500勒克斯，光饱和点为30 000～40 000勒克斯，补偿点在茄果类蔬菜中近于最低，饱和点以近于最高。光照度等于或大于 4 000 勒克斯有利于花芽分化。我国北方等地春、夏季一般光照强度达 40 000～80 000 勒克斯，最高可达 160 000 勒克斯，北方地区辣椒生产时春、夏季光照过强，易发生病毒病和日灼病等，生产中应采取适当遮阴措施，如覆盖遮阳网、与高大作物间作、棚膜喷撒泥浆等，一般适度遮阴（遮光 30％）有利于提高产量和质量。

28. 适宜辣椒生产的土壤含水量范围标准是什么？

辣椒生产适宜的土壤含水量为田间最大持水量的 55％～70％，低于 40％时，生长受到抑制，根冠比增加。土壤含水量较大时易发生沤根。另外，土壤含水量较大，易导致空气相对湿度增加，易诱发真菌性病害。

同时，由于辣椒为浅根系作物，对水分要求严格，其既不耐旱，也不耐涝，植株本身需水量不大，但因根系不发达，故需采用小高畦或瓦垄畦种植并经常浇水才能获得丰产，尤其在开花坐果期和盛果期，如突然干旱、水分不足，极易引起落花落果，并影响果实膨大，使果面多皱缩、少光泽，果形弯曲。如土壤水分过多，淹水数小时，植株就会萎蔫，严重时成片死亡，因此栽培时应选择排水良好的肥沃土壤。

29. 适宜辣椒生产的空气相对湿度范围标准是什么？

辣椒对空气相对湿度要求比较严格，喜欢比较干爽的空气条件，空气相对湿度以 60％～80％为宜，过湿易造成病害发生，过干则对授粉受精和坐果不利。其对空气湿度要求也较严格，喜欢比较干爽的空气条件，空气相对湿度以 60％～80％为宜，过湿易造成病害，过干则对授粉受精和坐果不利。

30. **适宜辣椒生产的肥料需求范围标准是什么？**

辣椒不同的品种需肥规律略有差异，但根据研究辣椒每生产 1 000 千克鲜果，需吸收氮 3.5～5.5 千克、五氧化二磷 0.5～1.4 千克、氧化钾 5.5～7.2 千克、氧化钙 2.0～5.0 千克、氧化镁 0.7～3.2 千克，氮、磷、钾、钙、镁吸收比例为 1：0.25：1.31：0.9：0.4；甜椒每生产 1 000 千克鲜果，需吸收氮 4.91 千克、五氧化二磷 1.19 千克、氧化钾 6.02 千克，氮、磷、钾、吸收比例为 1：0.24：1.23；日光温室辣椒每生产 1 000 千克鲜果，需纯氮 0.19 千克，需纯磷 0.02 千克，需纯钾 0.27 千克，需纯钙 0.08 千克，需纯镁 0.05 千克。植株对营养元素的吸收量随着生长发育进程而增加，从果实始收到盛收，养分吸收量迅速增加，其吸收量约占总吸收量的 60%～80%。

31. **辣椒生产的土壤有效养分丰缺状况判定标准？**

不同地区、不同地块土壤有效养分丰缺程度不同，如何判定土壤有效养分的丰缺见表 3-1。在辣椒生产中可根据土壤现有养分状况进行合理科学施肥。

表 3-1 土壤有效养分丰缺状况的分级指标

水解氮		有效磷		速效钾	
毫克/千克	丰缺状况	毫克/千克	丰缺状况	毫克/千克	丰缺状况
<100	严重缺乏	<30	严重缺乏	<80	严重缺乏
100～200	缺乏	30～60	缺乏	80～160	缺乏
200～300	适宜	60～90	适宜	160～240	适宜
>300	偏高	>90	偏高	>240	偏高

（续）

交换性钙		交换性镁		有效硫		氯	
毫克/千克	丰缺状况	毫克/千克	丰缺状况	毫克/千克	丰缺状况	毫克/千克	作物反应
<400	严重缺乏	<60	严重缺乏	<40	严重缺乏	<100	无抑制
400~800	缺乏	60~120	缺乏	40~80	缺乏	100~200	抑制
800~1 200	适宜	120~180	适宜	80~120	适宜	>200	过量
>1 200	偏高	>180	偏高	>120	偏高		

四、辣椒生产的设施类型、茬口及模式

32. 辣椒生产的设施类型都有哪些？

目前，我国的设施主要有塑料大棚（彩图4）、温室、现代化大型连栋温室、连栋塑料大棚、小拱棚等。日光温室是指无人工加温设备，靠太阳辐射为热源的温室，是比较完善的保护设施，也是我国最主要的温室类型。我国的温室具有悠久的历史，2 000多年前就有了原始的温室生产文字记载。塑料大棚是蔬菜周年生产的重要保护设施之一，它改变了蔬菜生产场所的小气候，人为地创造了蔬菜生长发育的优越条件，可提早或延迟栽培，对生产超时令蔬菜、增加供应品种、提高蔬菜单产和品质、增加农民收入，都发挥了巨大作用。塑料大棚在我国南、北方各地都得到迅速发展，在蔬菜周年生产中占据重要地位。现代化大型连栋温室是将若干栋双屋面连接而成的大型温室，简称现代化温室，又称连栋温室、全光温室。其中塑料大棚春季生产可较露地提前20~30天，秋季可较露地延后20~30天；日光温室可进行周年生产；连栋玻璃温室常用于集约化育苗；小拱棚用于短期提早生产，较露地可提早15~20天。

33. 辣椒生产都有哪些茬口？

我国地域辽阔，气候类型多样，具有热带、亚热带、温带、暖温带、寒温带及高原气候区 6 大气候类型，不同气候类型辣椒的生产茬口也不同。另外，根据我国蔬菜栽培制度的特点，辣椒生产茬口安排时应坚持高产、优质、均衡供应的原则。目前我国辣椒生产的主要茬口有以下几种。

① 冬季辣椒北运主产区包括海南、广东、广西、福建、云南，为热带气候类型，该地区辣椒主要以线椒、绿皮羊角椒、黄皮羊角椒、灯笼形甜椒、泡椒、圆锥形甜椒生产为主。该产区一年四季均可种植辣椒，但以春茬和秋茬为主，其中春茬在 1 月下旬至 2 月上旬播种，4 月上中旬定植，5～7 月收获；秋茬 8 月上旬播种，9 月定植，10～12 月收获。南菜北运种植茬口，为冬季生产，一般 9～10 月播种育苗，11～12 月定植，翌年 2～4 月上市。

② 露地夏秋辣椒主产区包括北京延庆，河北张家口、承德，山西大同，内蒙古赤峰和东北三省，为温带气候类型，该地区以黄皮牛角椒、厚皮甜椒、金塔类型干椒、彩椒生产为主。种植茬口以露地夏季辣椒生产为主，一般 2～3 月播种育苗，4 月下旬至 5 月上中旬定植，6～8 月上市。

③ 夏延时辣椒主产区包括甘肃、新疆、山西、湖北长阳，为高原气候区，该地区主要以线椒、螺丝椒、厚皮甜椒、泡椒、干椒、牛角椒生产为主。种植茬口以夏延时为主，一般 2～3 月播种，5 月定植，7～10 月采收。

④ 小辣椒、高辣度辣椒主产区包括湖南攸县和宝庆，贵州遵义、大方、花溪和独山，四川宜宾、南充，湖北宜昌，重庆石柱，为亚热带气候区，主要以线椒、条椒、干椒、朝天椒、羊角椒生产为主；一年四季均可进行生产，但主要以少雨的春季和秋季生产为主。春季一般 2～3 月播种、5～7 月收获；秋季一般 9 月播种、11～12 月采收。

⑤ 北方保护地辣椒生产区包括山东、辽宁等华北地区，为温带气候区，主要以厚皮甜椒、早熟甜椒、黄皮牛角椒、大羊角

椒、彩椒的生产为主，其中塑料大棚种植茬口主要以春季生产为主，一般 2 月初播种，5 月初定植，7～8 月收获；日光温室主要以越冬生产为主，一般 7～8 月播种，9～10 月定植，11 月至翌年 6 月采收。

⑥ 华中河南、安徽、河北南部、陕西等主产区，主要以朝天椒、线椒、绿皮羊角椒、黄皮羊角椒、泡椒、黄皮牛角椒、甜椒的生产为主，其中塑料大棚可以在 12 月底至 1 月上旬播种、3 月上中旬定植，5～7 月收获；露地可以在 4 月初定植，6～8 月收获。

同时南方地区多雨季节可采用遮雨棚种植，一般是 5 月种植，11 月结束。

34. 辣椒种植模式都有哪些？

由于地理位置、区域气候及使用设施类型等的不同，我国不同地区辣椒的种植模式也多种多样，如南方露地春、秋两茬种植模式、塑料大棚春提前种植模式、塑料大棚秋延后种植模式、塑料大棚越夏一大茬（春连秋）种植模式、日光温室冬春种植模式、日光温室越冬种植模式、日光温室周年种植模式等。众多种植模式中以温室种植的纯收益较高。

35. 辣椒种植模式的成本投入是怎样的？

辣椒不同种植模式的成本投入差异较大，其中北方地区设施辣椒种植的成本构成主要有以下几个方面：一是种苗费；二是肥料费；三是设施使用和维修费；四是病虫害防治费用；五是水电费；六是雇工费；七是销售费用。以北京为例，根据 2018 年北京市果菜产业发展报告数据显示，北京地区果菜的亩均总成本为 8 000 元左右，其中肥料费、雇工费是构成辣椒生产成本的主要支出，且与黄瓜、番茄、茄子相比，辣椒的益本比（收益与成本投入的比值）最高，即投入 1 元获得的收益最高，达到 1.91 元，较适宜大规模发展（图 4-1）。近年来，全国辣椒种植面积的不断扩大也验证了以上说法。

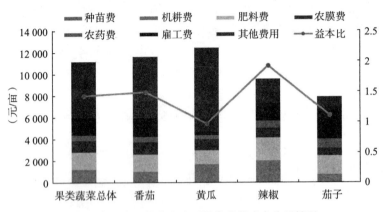

图 4-1 2018 年北京地区果类蔬菜成本收益情况

根据 2018 年北京市果菜产业发展报告数据显示，与北京周边邻省相比，北京地区果菜生产亩均成本较邻省具有优势。但从各类成本构成来看，设施使用及维修费是 5 个省市果类蔬菜产业生产成本中占比最高的一项，因此进行辣椒设施生产时，设施的建设标准及维修成本应提前进行长远谋划（表 4-1）。

表 4-1 2017—2018 年蔬菜生产经营情况

地区指标	北京		天津		山东		辽宁		河北	
	金额（元）	占比（%）	金额（元）	占比（%）	金额（元）	占比（%）	金额（元）	占比（%）	金额（元）	占比（%）
种苗费	1 099.1	13.6	754.5	7.9	890.5	10.4	2 398.4	14.1	1 447.0	11.1
肥料费	1 602.1	19.8	1 451.9	15.2	2 268.2	26.5	5 892.8	34.7	2 988.7	22.9
设施使用和维修费	2 703.2	33.4	4 043.4	42.3	2 632.1	30.7	4 303.6	25.3	4 262.3	32.7

（续）

地区指标	北京		天津		山东		辽宁		河北	
	金额（元）	占比（%）	金额（元）	占比（%）	金额（元）	占比（%）	金额（元）	占比（%）	金额（元）	占比（%）
病虫害防治	477.3	5.9	604.4	6.3	775.6	9.1	1 696.4	10.0	1 091.7	8.4
水电费	322.3	4.0	174.8	1.8	376.5	4.4	354.6	2.1	215.1	1.6
雇工费	1 614.6	19.9	2 379.6	24.9	1 464.9	17.1	2 006.3	11.8	2 822.0	21.6
销售费用	278.7	3.4	156.5	1.6	156.4	1.8	353.4	2.1	223.0	1.7
总成本	8 097.3		9 565.0		8 564.2		17 005.5		13 049.8	
总产值	15 947.8		14 441.3		20 010.9		45 812.1		19 714.7	
成本收益率/%	97.0		51.0		133.7		169.4		51.1	

注：数据来源《2018 年北京市果类蔬菜产业报告》。

　　不同设施、不同茬口生产收益也有所不同，其中以日光温室秋冬茬亩均收入最高，其次为冬春茬，露地生产由于受生产周期、生产茬口数的影响，整体收益偏低，而设施辣椒生产为高投入高产出，因此利用保护设施进行辣椒反季节栽培是获得较高收益的重要途径（表 4-2）。

表 4-2　北京地区果类蔬菜设施蔬菜茬口安排与收益情况

菜地类型	平均茬口数	1 茬		2 茬		3 茬	
		茬口名称	亩均收入（元）	茬口名称	亩均收入（元）	茬口名称	亩均收入（元）
日光温室	1.7	冬春茬	6 693	越夏茬	4 604	秋冬茬	8 208
大棚	1.4	春提早	3 504	秋延后	3 096	—	—
中小拱棚	1.3	春提早	3 793	秋延后	4 458	—	—
露地	1.2	春茬	1 558	秋茬	923	—	—

注：数据来源《北京农业》2010 年增刊。

五、辣椒的产量、收益的形成

36. 辣椒生产产量构成是怎样的？

辣椒单位面积产量为单位面积植株数（密度）、单株果数和单果平均果重三者的乘积。计算公式为 $Y = M \times N_f \times P$，式中，$Y$ 为辣椒单位面积产量（克）；M 为单果鲜重（克）；N_f 为单株果实数（取 5 株果实数求平均值）；P 为辣椒种植密度。

37. 什么叫定植密度？

定植密度是指单位面积上按合理的种植方式种植的植株数量，一般以每亩株数来表示。

进行辣椒生产时，不同的茬口、不同设施类型、种植密度略有差异。

38. 什么是单果重？

单果重是指单个果实的重量，是形成单位面积产量的重要因素。辣椒根据品种类型不同，单果重差异较大。

39. 影响单果重的因素有哪些，如何提高辣椒
单果重？

影响辣椒单果重的主要因素有果实大小、果肉的厚度及密度。有研究认为，在肥料施用过程中，氮主要影响辣椒产量形成，钾主要影响辣椒的单果重，且钾对辣椒单果重的影响大于氮和磷。因此在辣椒生产中合理施用氮磷钾是提高辣椒产量和单果重的重要手段。

40. 什么是单株结果量？

单株结果量是指单个植株坐果的数量，是产量构成的重要因素，同时也是品种连续坐果能力表现的重要调查指标。

41. 如何进行产量测定？

辣椒测产一般在结果盛期进行、采用抽样测产推定产量法，即采用对角线、之字形等取样方法确定测产地块，然后对测产地块果实进行称重，利用加权平均法确定平均单产。平均单产＝（高产样本平均产量×代表面积＋中产样本平均产量×代表面积＋低产样本平均产量×代表面积）÷总代表面积。然后用平均单产×总生产面积即为推定产量。

42. 影响辣椒收益的因素有哪些？

收益是由产量及市场价格共同决定的。产量及市场价格的高低直接影响辣椒种植的收益。其中，影响辣椒种植产量的主要因素有品种、种植茬口、生产周期、管理技术水平、病虫害防控

等；市场价格主要是受市场供给、需求量影响，另外也受销售渠道等影响。通常生产者可通过调整辣椒产品的上市时间、提高种植管理水平提升辣椒产品的商品性、初加工分级等来提升销售价格、提高收益。

43. 辣椒产品如何分级？

辣椒类型多样、品种繁多，分级标准也多种多样，本书所阐述的辣椒产品分级是适用于大部分类型的普适性分级标准。

(1) 按照果实大小分级。 长角形、圆锥形椒类型：大果，长度>15 厘米；中果，长度 10～15 厘米；小果，长度<10 厘米。

甜椒、彩椒类型：超大果，单果重 400 克以上；大果，横径>7 厘米，单果重 250～400 克；中果，横径 5～7 厘米，单果重 200～250 克；小果，横径<5 厘米，单果重 120～200 克。

(2) 按照果实成熟度分级。 一般根据果实成熟情况，将果实分为深红果、淡红果、青黄果、青果、病虫果 5 级，需根据果实颜色分级采收、贮藏、销售。

(3) 按照商品外观分级。

① 甜椒类型。A 级：表皮光滑，无脱水、发软，色泽鲜绿，果形端正，无畸形，无病斑虫眼，带果柄，无机械损伤；B 级：表皮光滑，无脱水、发软，色泽鲜绿，果形较端正，无病斑及虫眼允许 1～2 处微小干疤，带果柄，无机械伤，少量着色不均，允许轻微畸形；C 级：新鲜色泽尚可，允许少量的干疤点，果形允许不端正，带果柄，无严重的发软及机械伤。

② 长角椒类型。A 级：无病斑无杂色斑块，果身直无畸形，表皮光亮无发软，带青蒂果柄完全无机械伤；B 级：无病斑无杂色斑块，果身允许有轻微弯曲，无严重畸形，可有 1～2 处微小瑕点，无发软，带果蒂，果柄完全；C 级：果皮上可有少量干疤点，无严重发软，允许有弯曲，允许有少量红色斑块，大部分果

柄完全。

（4）按照辣度分级。根据辣度，辣椒可分为微辣、中辣、辣和强辣 4 个等级。当辣椒碱的含量小于 0.093 毫克/毫升，史高维尔单位数小于 1.5×10^3 时处于微辣水平；当辣椒碱含量在 0.098 3～0.393 2 毫克/毫升，史高维尔单位数在 $1.5 \times 10^3 \sim 6.0 \times 10^3$ 时为中辣水平；当辣椒碱含量在 0.393 2～1.573 毫克/毫升，史高维尔单位数在 $6.0 \times 10^3 \sim 2.4 \times 10^4$ 时为辣的水平；而当辣椒碱含量超过 1.573 毫克/毫升，史高维尔单位数大于 2.4×10^4 时为强辣水平。

六、辣椒生产前的准备

44. 怎样选择合适的辣椒品种?

我国辣椒品种众多，尤其近年来随着我国育种产业的发展，各地选育了一批优良的辣椒品种，且辣椒类型多样有樱桃椒、圆锥椒、簇生椒、长角椒和灯笼椒等类型，因此，选择合适的辣椒品种成为栽培成功的关键因素之一。

一般在生产时辣椒品种应从以下几方面加以选择。

(1) 根据辣椒品种特性及当地气候环境选择。不同辣椒品种具有不同的植物学和生物学特性，在生产时应结合种植地区的气候环境选择较适宜该地区种植的类型及品种，以最小的能源消耗、成本投入获得最高的收益。

(2) 根据当地消费习惯及栽培目的的选择。辣椒在我国被广泛种植，但各地对辣椒的消费需求相差较大，主要是对果实辣度的嗜好不同，因此辣椒品种也要根据消费者需求加以选择，以迎合当地消费者的消费习惯，如在大、中城市辣椒以鲜食为主，在大、中城市周边种植时宜选用鲜食性长角椒类型品种，而在四川、贵州、云南、湖北、陕西等省以出口干辣椒为栽培目的，宜选择加工专用型的簇生椒类型的品种。

(3) 根据栽培设施及栽培季节加以选择。保护地设施栽培是为达到提早上市、周年供应等目的，一般在外界气候不太适宜时已开始生产，因此在品种选择时应选择对逆境耐受性强的品种，如塑料大棚春提早生产宜选用早熟、耐低温、抗病性强、丰产性好的品种；秋延后栽培宜选用耐热性强、抗病毒病、丰产性好的品种。

（4）根据运输距离远近加以选择。 随着我国运输业的快速发展，我国辣椒生产正在向区域化周年生产模式转变，南菜北运逐渐成为新型的销售模式，因此在品种选择时，尤其是南菜北运种植区选择品种时，应从品种的耐运输和耐贮藏能力方面加以选择。

45. 育苗需要准备什么？

辣椒属浅根性植物，直根系，主根不发达，主要根群分布在 10～15 厘米的土层内，茎基部不易产生不定根，根系发育较弱，木栓化程度较高，因此生产上育苗一般采用穴盘育苗（彩图 5）、营养钵育苗、营养块育苗等护根育苗方式，以利于移栽定植、快速缓苗、提早上市。辣椒育苗应做好以下几个方面的准备。

（1）种子的准备。 育苗播种前，种子准备一般包含种子的去杂、筛选、晒种、种子浸种消毒、种子引发等。

种子的去杂、筛选是指用种子风选机或簸箕等将种子内的杂物、瘪种、病种等去除掉，筛选出饱满活性强的种子。对于购买的带外包装的辣椒种子可以省略该步骤。

晒种是指播种前将经过去杂筛选后的辣椒种子平摊在簸箕或纱网上晒 1～2 天，降低种子含水量，增强种子的吸水能力，同时杀菌消毒，提高发芽率、发芽势、加速出苗。

播种前为杀灭种子可能携带的病菌、降低苗期及生产期的发病概率，同时也为了促进种子出苗整齐，生产上常采用温汤浸种、药剂浸种等方式对辣椒种子进行浸种消毒。

（2）播种容器的准备。 辣椒为浅根系植物，根系再生能力弱，生产上一般采用护根育苗的方式，主要有穴盘育苗、营养钵育苗、苗床育苗及营养块育苗等。不同的育苗方式采用的播种容器不同，常见的有穴盘、营养钵、营养块、苗床等。

① 穴盘育苗。播种容器为穴盘，根据孔径的大小，可分为50孔、72孔、105孔、128孔、200孔等，辣椒育苗根据育苗时期不同采用的孔径不同，一般夏季育苗可选用128孔，春季育苗需选用72孔。

穴盘育苗播种前，分为两个步骤，一是穴盘的清洁消毒，尤其是采用使用过的穴盘再次播种时，由于穴盘可能带有病原菌、虫卵等，因此播种前一定要对穴盘清洁消毒。一般可用清水冲洗，将穴盘上的附着物清洗掉，然后采用多菌灵500倍液浸泡12小时消毒，或者用高锰酸钾0.1%溶液浸泡30分钟，也可将穴盘置于密闭的室内采用甲醛、高锰酸钾反应气体或硫黄粉熏蒸等方法消毒。二是穴盘基质的装填、压播种穴，是将消毒掺拌好的含水量在60%（注意基质含水量在60%时才可装填，否则浇水时易出现水渗漏，基质含水量低导致种子无法发芽）的基质装填到穴盘内，不要用力压紧，采用刮板从穴盘一端垂直刮向另一端，保证每个穴中尤其是四角和盘边装满基质即可。然后用相同型号的空穴盘放在装满基质的穴盘上，两手平放在穴盘上轻轻下压，辣椒播种穴压深为0.5厘米为宜。

② 营养钵育苗。营养钵又称育苗钵、育苗杯等，其质地多为塑料，可用于育苗，大口径的也可用于生产（彩图6）。但目前该育苗方式由于操作过程相对复杂、用工量大、使用量越来越少。

辣椒营养钵育苗常采用10厘米×10厘米的营养钵。播种前应做以下准备，一是营养钵清洁消毒，尤其是使用过的营养钵再次使用时，应进行清洁消毒，清洁消毒的方式同穴盘消毒。二是苗床准备，苗床一般宽1.5米为宜，便于从两侧播种和后期管理，床面平整，然后铺一层聚乙烯薄膜，薄膜上可适当打孔防止积水。三是营养土的制备，营养土通常是指田园上与营养肥料按照一定比例的混合物。辣椒育苗营养土配制是指采用过筛的田园土（1～3年未进行过茄果类蔬菜种植，避免产生连坐障碍问题），与腐熟的农家肥按照一定比例进行混合，目前田园土也可采用椰糠、秸秆粉碎物及草炭替代。四是装填，将配制、消毒好的营养土装填至营养钵2/3位置，然后摆放到苗床上。五是摆床，将装填2/3营养土的营养钵一个挨一个整齐地摆放到苗床上。六是浇水，摆放好营养钵后采用喷淋的方式浇一次水，使营养土湿润，待播种即可。

③营养块育苗。省略了传统育苗过程中的取土、筛土、配肥、配药、消毒、混拌、装钵等工序，每亩育苗过程可节省5～6个工（日）。播种一般需要做以下准备，一是准备苗床，将地面整理成1.5米宽的苗床，床面平整，然后铺一层聚乙烯薄膜，可在薄膜上适当打孔避免积水。二是摆块，以块距大于等于1厘米间距摆块，根据所育秧苗苗龄，摆块间距可适当调整。三是浇水，采用喷壶先将营养块表面喷淋一次使营养块表面湿润，然后从苗床边缘用小水流缓慢灌水到淹没块体，水吸干后再浇一次，直到营养块完全疏松膨胀（用细铁丝扎无硬芯），放置4～8小时即可播种。

（3）育苗棚室的准备。

①棚室、育苗设备（床架等）的消毒。棚室、育苗设备（床架等）的消毒对于预防苗期病虫害具有重要作用，同时也是培育无病壮苗的重要保障因素。一般消毒的方法可分为高温闷棚消毒、药剂消毒、熏蒸消毒、热水或火焰消毒（仅限于育苗床育苗方式）等。其中，高温闷棚消毒一般用于夏季育苗，通常在7月上旬至8月下旬进行，将育苗棚室的风口关闭，地面采用地膜进行全覆盖，采用该方式地表下10厘米处最高地温可达70 ℃，20厘米处地温可达45 ℃，杀菌率可达80%，但该方式由于棚室气温较高易对棚室内的灌溉系统产生影响，如管道变形、接口松

动、密封性变差等。药剂消毒主要是采用福尔马林、辣根素等消毒药剂对棚室骨架、地面、墙面等进行喷施消毒。熏蒸消毒是采用硫黄熏蒸剂、百菌清熏蒸剂等熏蒸药剂对棚室进行消毒，硫黄用量为每立方米4克，熏蒸24小时；百菌清熏蒸剂每亩用量为200～250克，每隔7～10天熏蒸一次，需连续熏蒸3次以上。

② 临时增温设备配套。冬季育苗时，外界气温低，且秧苗较小，对逆境的耐受性较差，因此在该时期应做好应急增温设备的配套。常用的应急增温设备有地热线、电热恒温鼓风机、空气能热泵、暖气等。育苗厂育苗棚室可安装暖气等可长期使用的增温设备，对于临时用于育苗的棚室可增设电热恒温鼓风机、地热线（图7）等临时增温设备以及应急增温块等。

③ 营养土的配制。营养钵或苗床用营养土配制，将草炭、田园土（最好种过葱蒜的土）、腐熟农家肥按4∶3∶1的比例混合，耙细过筛。然后每立方米营养土拌入复合肥1.5千克，尿素500克，磷酸二氢钾500克，50%多菌灵150～200克，辣根素0.3升，拌匀后，用塑料膜覆盖，堆放15天后待用。

分苗苗床营养土配制，将草炭、田园土、腐熟农机肥按1∶3∶1的比例，每立方米营养土加入磷酸二铵和硫酸钾各500克，50%多菌灵150～200克，辣根素0.3升，拌匀后，用塑料薄膜覆盖，堆放15天后待用。

七、辣椒秧苗培育

46. 如何确定辣椒秧苗的播种期？

不同茬口不同品种辣椒的播种期不同，一般播种期常采用倒推法确定，即播种期＝定植期－育苗天数，育苗天数通常为所需秧苗苗龄天数＋秧苗锻炼天数（5～8 天）＋机动天数（3～5 天）。北方地区秋延后茬口播种期一般为 7 月中下旬，早春茬播种期一般为 12 月底至 1 月中下旬。

47. 如何确定种子的量？

不同育苗方式、不同品种播种育苗时所需种子数量不同，同时确定好播种量是种子采购的重要依据，确定种子的用量，可借用以下公式进行计算得出：

$$播种量（克/亩）=\frac{[每亩/（株距×行距）]×每穴粒数}{每克粒数×种子使用价值}×安全系数$$

$$每克粒数=1\,000/千粒重$$

$$种子使用价值=净度×发芽率（\%）$$

48. 辣椒育苗有必要吗？

俗话说"苗壮半成收"，培育壮苗是蔬菜生产获得高产、高效的重要技术措施之一。因此，育苗对于蔬菜生产非常重要，辣椒亦是如此，相较于直播，辣椒育苗具有以下几方面的优势，一是育苗可以为蔬菜生长增加积温，缩短在本田中的生育期，很好地解决茬口更换、季节衔接的问题，提高土地利用率。二是育苗可使幼苗集中在小面积苗床管理，操作简单、管理方便、省工省力，且对于露地直播生产可降低自然灾害威胁、减少病虫危害等。三是育苗可以最低的成本投入通过人工干预生长环境促进秧苗生长，规避外界气候的限制，促进产品提早上市、增产增效。四是育苗可使秧苗苗齐、苗壮，提升种子利用率、降低种子成本，根据测算每亩地辣椒育苗较直播可节省用种 30%～40%。

49. 辣椒育苗都有哪些方式？

辣椒为浅根系作物，根系再生能力较差，因此辣椒育苗常采用护根育苗，主要的育苗方式有穴盘育苗、营养块育苗、育苗钵育苗、营养土育苗等方式。应用较广泛的为穴盘育苗，该方式机械化程度高，目前已可通过精量自动播种机实现机械化装填、播种、覆土、浇水的整个播种环节，1 小时可实现 600～800 盘的播种量。

50. 播种前辣椒种子需要消毒处理吗？

种子表面常带有病原微生物，是传播病害的重要途径。李颖等研究发现，可借助辣椒种子传播的病害有 10 多种，根据病原物的特性，可分为 3 种类型，一是真菌病害，如疫病、根腐病、炭疽病、枯萎病等；二是细菌病害，如青枯病、细菌性叶斑病、疮痂病等；三是病毒病，主要为烟草花叶病毒病。因此种子播种前，为有效预防和减少病害发生，同时也为提高种子发芽率，增强幼苗的抗菌性，需对辣椒种子消毒，杀死种子表面附着的病菌。

51. 如何进行种子消毒？

　　辣椒播种前常用的消毒法有物理消毒法、化学消毒法及两种
结合的消毒法。其中物理消毒法包括日晒、干热、紫外线消毒及
温汤浸种；化学消毒法有药液浸种和药剂拌种两种方式，其中，
药液浸种常用药剂有磷酸三钠、福尔马林、高锰酸钾等；药剂拌
种，常用药剂有敌磺钠（敌克松）、福美双、多菌灵等；另外，
在消毒的同时可采用微量元素如硫酸铜、硼酸、硫脲溶液浸种，
促进早熟增产。

　　不同消毒方法的具体操作如下。

　　（1）日晒消毒。 播种前，将种子平铺于清洁的竹席、竹筛或
纱网上，不能直接晒在水泥地面上以防烧种，平铺2～3层即可，
然后在阳光下暴晒2～3日，时常进行翻动种子，使日晒均匀有
效杀灭种子表面病原微生物。

　　（2）干热消毒。 将含水量低于10%的辣椒种子，撒放在干
燥器皿中，然后在70℃的高温下处理72小时，可消除种子内部
和种皮上的病原菌。

　　（3）温汤浸种。 将种子放入4～5倍种子体积的55℃的温水
中，不断搅拌，15～20分钟后将种子取出洗净，然后放入室温
条件下的水中浸种12～24小时后进行催芽播种，可杀灭种子所
带的早疫病、灰霉病等病害的病原菌。

　　（4）紫外线消毒。 将辣椒种子平铺于强度不低于70微瓦/厘米^2
的人工紫外线1米距离下照射20～30分钟消毒。

　　（5）磷酸三钠消毒。 将辣椒种子用清水浸种4小时后，然后
捞出放入10%的磷酸三钠溶液中浸种20分钟，然后用水清洗干
净，晾种18小时即可播种，可钝化病毒，预防病毒病发生。

　　（6）福尔马林消毒。 将辣椒种子用300倍福尔马林浸种90

分钟，捞出洗净，晾干播种。可防治枯萎病、炭疽病。

(7) 高锰酸钾消毒。将辣椒种子先放入 50 ℃温水中浸泡 25～30 分钟，然后捞出放入 1％的高锰酸钾溶液（液温 24 ℃）中浸泡 15～20 分钟，再用清水冲洗干净即可播种。可防治枯萎病、立枯病、炭疽病等。

(8) 敌磺钠拌种。用 70％的敌磺钠拌种，用药量为种子量的 0.3％～0.4％。可防治辣椒苗期立枯病、根腐病、烂种、烂芽和地下害虫。

(9) 福美双拌种。用 50％的福美双拌种，用药量为种子量的 0.3％。可防治枯萎病、根腐病、烂种、烂芽和地下害虫等。

(10) 多菌灵拌种。用 50％多菌灵可湿性粉剂拌种，用药量为种子量的 0.2％～3％，可防治枯萎病、根腐病、烂种、烂芽和地下害虫等。

(11) 硫酸铜溶液浸种。用 1％硫酸铜溶液（种子体积的 4～5 倍）浸种 5 分钟，将种子捞出洗净即可。可防治细菌性斑点病、炭疽病等。

(12) 硫脲溶液浸种。用 0.5％硫脲溶液（种子体积的 4～5 倍）浸种 30～60 分钟，有明显促进种子萌发、早发芽，并有增产效果。

(13) 硼酸溶液浸种。用 0.002％硼砂或硼酸溶液（种子体积的 4～5 倍）浸种 5～6 小时，可促进辣椒果实早熟、并有增产作用。

52 怎样进行种子催芽？

辣椒种子催芽的适宜温度为 28～30 ℃。催芽时，将浸种后的种子洗净然后用湿布包裹放入催芽箱内，28～30 ℃催芽 16～18 小时，16～20 ℃催芽 6～8 小时，催芽过程中经常翻动种子以防止缺氧烂种。也可用种子量 3～4 倍的湿沙混合然后装入容器

中催芽。28～30℃下 4～5 天发芽，25℃下 7 天左右发芽。当
80%种子发芽后将温度降至 10℃进行低温锻炼，然后播种。

53. 辣椒播种有哪些要求？

在子叶展平前，辣椒秧苗生长所需养分主要由种子内储存营
养供应，适宜的播种深度、覆土厚度对于辣椒壮苗培育非常重
要。其中穴盘育苗种子播种深度为 0.5 厘米为宜，播种过深易出
现沤种、出苗慢、秧苗细弱的问题；播种过浅，易出现"戴帽"
出土、根系不牢、浇水易倒伏等问题；传统苗床育苗，余文中等
研究发现，辣椒种子不同播种深度对幼苗生产发育影响明显。播
种深度为 2 厘米时，种子的发芽出苗率高、根系长、须根多、茎
粗、节间适中、叶片多、根干质量、茎鲜干质量大，营养积累
多，有利于壮苗的培育。种子播种深度越深，秧苗的第一节间和
第二节间越长，且播种过深过浅均不利于幼苗植株生长，播种越
深、茎粗越粗，可依据节间的长短、茎的粗细判断播种深度的适
宜情况。覆土厚度根据不同育苗方式及覆盖材料的不同而不同，
一般穴盘育苗覆盖蛭石，厚度 1～1.5 厘米为宜，覆盖营养土或
草炭土以 0.5～1 厘米为宜；传统苗床育苗，覆土厚度以 0.5～
1 厘米为宜。

54. 夏秋季育苗苗期如何管理？

温度、水肥和病虫害防控管理是辣椒苗期管理的关键，适宜
的温度、合理的水肥和病虫害防控是培育无病壮苗的基础，也是
辣椒高产高效的必要条件，因此苗期管理对于辣椒的生产至关重
要。夏秋育苗苗期管理主要以遮阳降温为主，不同育苗方式苗期
管理略有不同，具体措施如下。

（1）温度管理。夏秋育苗时主要集中在 7 月中下旬至 8 月上

旬，外界气温偏高，白天温度一般在 30 ℃ 以上，该时期育苗主要以遮阳降温为主。辣椒幼苗适宜的生产温度白天为 25～30 ℃，夜间 18～22 ℃，基质温度保持在 20～25 ℃，空气相对湿度以 70%～80% 为宜。另外温度管理应分段管理，播种催芽时，温度应保持在 25～30 ℃，以保证种子快速出苗，出苗整齐，幼苗破土前，采用风机、水帘等降温系统降温，将白天温度控制在 25 ℃，夜间温度控制在 20～22 ℃，南方地区降温困难，白天温度控制在 30～32 ℃，夜间温度控制在 24～26 ℃。

（2）光照管理。从子叶微展到心叶长出展开，遮阳网光照度控制在 12 000 勒克斯，心叶长出到子叶平展，光照度提高到 20 000 勒克斯；子叶平展后光照度慢慢提高至 35 000～40 000 勒克斯，遮光一般在中午结合降温进行，如遇阴雨天或光照度低时，要及时把遮阳网收起，保证幼苗接受充足的光照，促进光合产物的积累，防止徒长。

（3）水分管理。夏季外界气温高，地表水分蒸发快，浇水应以见干见湿为宜，基质表面"露白"再浇水，既可以控制下胚轴的伸长，防止徒长，又可促进根系向下深扎包裹基质尽快成坨，浇水时间宜选在每天上午 10 时前完成。苗期子叶展开至 2 叶 1 心，基质含水量保持 65%～70% 为宜；3 叶 1 心时，保持在 60%～65% 为宜；在出苗定植前 7 天，应适当控水炼苗，基质含水量保持在 55%～60% 为宜。

（4）肥料管理。秧苗第 1 片真叶长出后，可结合浇水，每 5～7 天浇一次肥水，浓度以 0.1%～0.125% 为宜，具体肥料可选用磷酸二氢钾或氮∶磷∶钾为 15∶15∶15 的复合肥料，秧苗长至 3 叶 1 心时，可用 0.2%～0.3% 尿素＋0.2% 磷酸二氢钾水溶液进行叶面喷施，促进幼苗花芽分化和健壮生长。同时可结合喷施施特灵、海岛素、甲壳素等植物诱导剂，增强幼苗抗逆性。

（5）秧苗调控。在夏季育苗时由于温度、湿度、光照等管理不到位，容易出现秧苗徒长现象，表现为幼苗茎细长，植株叶片浅绿色、根系不发达。育苗时一旦发现上述情况应及时进行秧苗的调控，同时查找造成徒长的具体原因并加以纠正。调控的具体措施为在早晨和傍晚，可叶面喷施 200 毫克/千克矮壮素抑制秧苗徒长，喷施后 1～2 天应不浇水或少浇水。

(6) 分苗。适用于苗床传统营养土育苗。分苗前一天苗床浇水，减少分苗时伤根，分苗后适当提高温度促进缓苗，白天温度保持在 28～30 ℃，夜间温度保持在 20～25 ℃，缓苗后温度进行正常管理。

55 冬季育苗苗期如何管理

冬季育苗外界气温低，该时期育苗主要以增温保温为主，其中北方地区育苗设施主要为日光温室，南方地区主要为塑料大棚＋小拱棚，温度、光照等管理与夏秋季育苗不同，具体如下。

(1) 温度管理。催芽时，可通过地膜覆盖、增加小拱棚、铺设地热线等方式增温，使温度保持在 25～30 ℃，待幼苗"破土"前，将覆盖地膜揭除、温度控制在 18～20 ℃，出苗后白天温度控制在 25～28 ℃，夜间温度控制在 15～18 ℃。四川地区采用塑料大棚＋小拱棚方式育苗时，四叶期以前，大、小棚密封保温，同时加盖遮阳网，晴天白天时揭去小拱棚膜，白天温度控制在 25 ℃左右，当气温下降到 18 ℃时闭棚；定植前 5～7 天，白天温度控制在 20 ℃左右，当气温下降到 13 ℃时闭棚。

(2) 水分管理。苗床营养土育苗，子叶期尽量不浇水，否则易造成幼苗猝倒和徒长，现真叶后，采取见干见湿的方式浇水；穴盘育苗，整个苗期基质含水量控制在 65％～75％，播种至出苗基质含水量控制在 85％～90％；子叶展开至 2 叶 1 心时，保持基质含水量在 70％～75％；3 叶 1 心至成苗，保持基质含水量 65％～70％。另外，出苗前 1～2 天，提前浇水，方便移栽。

(3) 光照管理。北方地区，冬季育苗光照不足，应最大限度补光，若遇连续一周左右的阴天可以在夜间用补光灯补光，阴天过去突遇晴天时，要在温室顶部间隔放草苫遮阴，采用保温被保温的可将保温被下放到温室中部位置遮阴，且可每隔3～5天喷施0.2％～0.3％的磷酸二氢钾或尿素溶液促苗健壮生长。南方地区，冬季育苗需让秧苗充分见光，但要避免阳光直射，中午时可采取遮阳网适当遮光。

(4) 湿度管理。冬季育苗时，外界气温低，通风不便，易造成棚室内相对湿度偏大，滋生病害，在育苗时应适当通风，调控温室相对湿度，抑制病害发生，一般要求育苗温室每天通风3～4小时，可在揭草苫、棉被后短暂通风10～15分钟，然后在中午室内温度升高后通风。

(5) 移盘或移钵调节。由于冬季日光温室南北气温差异较为明显，靠近前屋面位置气温较低，光照较强，靠近后墙位置气温相对较高，但光照相对较弱，易造成秧苗长势不均、倾斜的问题。为了使秧苗长势整齐一致，可通过移盘、移钵、分苗的方式进行调控。一般15～20天可移盘或移钵一次，具体时间根据天气及秧苗长势确定。

(6) 蹲苗和炼苗。冬季育苗时，出苗定植时外界温度仍然偏低，而育苗棚室温度偏高，因此需对秧苗进行蹲苗和炼苗。蹲苗通常采用控制浇水，适当的干旱来促进地下部根系的生长，抑制地上部生长，提升秧苗的抗逆能力。炼苗是在定植前7～10天，北方地区可通过风口闭合逐渐降温的方式使育苗棚室的温度与定植环境的温度相一致，从而促进秧苗的抗逆能力，增强秧苗对定植环境的适应性；南方地区可通过覆膜揭盖的方式调控温度，一般是定植前7～10天，晴天上午尽量早揭膜，下午晚盖膜，逐渐缩短覆膜时间，炼苗的前5天上午揭膜、下午盖膜，后2～3天可以完全揭掉覆膜。

56. 辣椒需要嫁接育苗吗？

我国是世界辣椒主要生产国和消费国，辣椒生产在我国蔬菜生产中占据非常重要的地位。但近年来设施蔬菜连作现象严重，辣椒病害日益严重，尤其是根部病害，一旦发生，传播速度快、危害面积大，防治困难，常造成严重的损失，已成为辣椒安全生产的主要病害。目前，辣椒根部常见的病害有猝倒病、立枯病、疫病、根腐病、菌核病、黄萎病等。上述病害在河北、山东等辣椒主产区均大面积发生，其中猝倒病在我国北京、河北、山东、陕西、湖南、湖北、广西、云南、黑龙江、辽宁等地均有不同程度发生；疫病在全国露地和保护地栽培中普遍发生，成为辣椒安全生产的重要障碍，在河北、山东、重庆、四川、湖北、湖南、江西、云南、广西、贵州、新疆等地均严重发生；枯萎病在北京、河北、河南、山东、吉林、陕西、甘肃、四川、重庆、湖北等地均有不同程度的发生；菌核病在我国四川、河北、福建、湖北、上海等地区均大面积发生。

嫁接是把一种植物的枝或芽，嫁接到另一种植物的茎或根上，使接到一起的两个部分长成一个完整的植株。蔬菜嫁接是增产增收的一项重要技术措施，也是解决连作障碍的一条重要途径，传统的土壤消毒，成本较高，且部分消毒药剂存在对环境、土壤及地下水污染的潜在风险。而嫁接可以通过选用具有特殊性能的野生或栽培品种作为砧木，利用砧木对病害的抗性或免疫性来解决连作障碍及根部病害问题，具有省时省力、安全高效的特点。同时，砧木根系发达，对提升水肥利用率具有很好的促进作用；另外，嫁接后植株抗性增强，植株健壮对增产增收也具有明显的促进作用，因此随着辣椒生产面积的增加以及设施生产的不断发展，连作障碍的普遍发生，嫁接正成为辣椒生产中不可或缺的技术措施和环节。

57. 辣椒嫁接常用的砧木品种有哪些？

辣椒嫁接砧木选择应从砧木品种与接穗的亲和性以及自身的特性考虑，生产中应选择对土传病害抗性强、根系发达、亲和性好、对接穗产量提升具有明显促进作用的品种作为嫁接砧木。目前，通过试验研究，我国的格拉夫特、神根 909、农大 135 等砧木品种，对土传病害抗性强、促增产明显；国外韩国朝天椒、PFR-K64、PFR-S64、LS279 以及欧洲品种塔基等亲和性好、抗性强，适宜辣椒嫁接选用。

58. 辣椒嫁接的方法都有哪些？

嫁接作为克服连作障碍、提高植物抗性的一项有效措施，已在瓜类和茄果类蔬菜中广泛使用。通过嫁接可以提高作物的耐热性、耐冷性，同时对改善蔬菜产品品质也有较好的促进作用，我国在 20 世纪 60 年代已开始嫁接技术的研究，目前在黄瓜、番茄、茄子等蔬菜的嫁接技术基本成熟，但目前辣椒的嫁接还未形成系统化。目前，辣椒嫁接的常用方法有劈接法和斜接法。两种不同的嫁接方法各有优缺点，其中劈接法嫁接成活率高，且对砧木、接穗茎干粗细要求较斜接法低，但该方法嫁接效率相对较低；斜接法嫁接效率高于劈接法，但对砧木、接穗茎干粗细要求较为严格，且在生产中受操作、大风等外力影响时，接口易断开。

59. 劈接法和斜接法分别如何操作？

（1）**劈接法。**待砧木长到 4～5 片真叶，茎粗大于 0.3 厘米时，接穗长到 4～5 片真叶时嫁接。在砧木的第 2～3 片真叶之

间用刀片横切茎干，然后用刀片在茎横切面中心向下切 0.8～
1 厘米；接穗顶部保留两片真叶，在第 2 片真叶下部从茎干两
侧成 30°斜切，形成与砧木刀口相一致的楔面，将接穗插入砧
木接口，并使砧木与接穗的切口两端对齐紧密结合，用固定夹
固定即可。

（2）斜接法（贴接法）。待砧木长到 4～5 片真叶，茎粗大于
0.3 厘米时，接穗长到 4～5 片真叶时嫁接。在砧木的第 2～3 片
真叶之间用刀片呈 45°角斜切；接穗顶部保留两片真叶，然后在
第二片真叶下部用刀片呈 45°角斜切，将两个斜切面贴合到一起
用嫁接夹或套管固定即可。

60. 辣椒嫁接前都需要做哪些准备？

砧木、接穗的选择、嫁接环境、嫁接工具等均直接影响辣椒
嫁接的成活率，因此辣椒嫁接前应提前做好准备，具体有以下几
个方面（彩图 8，彩图 9）。

（1）嫁接工具的准备和消毒。嫁接需准备嫁接削切刀（刀
片）、嫁接固定夹、嫁接工作台、嫁接苗运输车（箱）、嫁接苗养
护棚室等。嫁接时，砧木和接穗均会出现削切伤口，如嫁接工具
等不消毒或消毒不彻底极易导致伤口感染，降低成活率甚至导致
嫁接秧苗培育失败，尤其是嫁接削切刀的消毒尤为重要。常用的
消毒方法为酒精消毒法，具体步骤为：先将削切刀用清水冲洗干
净，然后用 75% 的消毒酒精浸泡 5 分钟以上，然后捞出晾干待
用；嫁接工作台、运输车等可采用喷施 75% 的酒精的方式，进
行表面消毒；嫁接操作人员的手也需要采用 75% 的酒精进行
消毒。

（2）嫁接砧木、接穗的准备。嫁接砧木、接穗为不同的品
种，生长特性略有差异，尤其是嫁接砧木多为野生辣椒品种，出
苗相对较慢、生长速度相对较慢。生产中常采用错期播种的方式

使砧木和接穗的茎粗接近一致，便于嫁接的开展、提高成活率，一般砧木品种要比接穗品种早播种 5～7 天，嫁接时要求砧木、接穗均达到 4～5 片真叶以上，且茎粗达到 0.4 厘米以上，同时嫁接前一天，砧木和接穗浇透水，并采用喷淋方式施用杀菌剂、杀虫剂。

（3）嫁接养护棚室的准备。辣椒嫁接后为促进接口的快速愈合，需将嫁接苗养护于特殊的环境下，需搭建临时或长久的嫁接养护棚室，同时需准备薄膜、拱架、遮阳网等。

61. 辣椒嫁接苗愈合期如何管理？

辣椒嫁接后接穗根系被切断，愈合前会短时间丧失吸水能力，可以通过"接面"以"渗透"的方式得到供应，一旦环境管理不当，极易造成接穗萎蔫、死亡，降低嫁接成活率。因此，辣椒嫁接应严格管理，具体分为以下几个方面。

（1）温度管理。嫁接后接口愈合前，嫁接苗养护棚室的温度应控制在 25～30 ℃，不宜超过 32 ℃，否则易导致接穗失水萎蔫，温度过低接口愈合慢、嫁接成活率和壮苗率均会受到影响。此时棚室内温度不应低于 20 ℃，一般前 6～7 天，白天温度保持在 25～26 ℃，夜间保持在 20～22 ℃；伤口愈合后白天温度保持在 25～28 ℃，夜间温度保持在 18～20 ℃。

（2）空气湿度的管理。嫁接后养护棚室内应保持较高的空气相对湿度，一般嫁接后前 3 天空气湿度要保持在 95％以上，如空气湿度较低时可在盘间或养护棚室空闲区喷水增湿，但要注意，水不可喷施到嫁接苗上，以防接口感染。待伤口愈合，通风接穗不再萎蔫时，养护棚室的空气相对湿度可保持在 80％左右。

（3）光照管理。该时期主要以散射光为主，其中嫁接后 3 天，晴天时可采用全遮光管理，通常采用 3～4 层遮阳网进行覆盖遮光，阴雨天气时，可采用一层遮阳网覆盖或不覆盖。3 天后可通过揭除遮阳网层数的方式逐渐增加光照时间。

62. 辣椒秧苗的壮苗标准是什么？

（1）**冬季育苗辣椒秧苗壮苗标准。**秧苗日历苗龄 80 天左右，株高 15～20 厘米，茎干粗壮敦实，茎粗 0.6 厘米以上，单株有 12～15 片真叶，叶面积大于 110 厘米^2，叶色浓绿具有光泽，幼苗有 90% 现花蕾（但未开花），根系发达，乳白色，无病虫害。

（2）**夏季育苗辣椒秧苗的壮苗标准。**秧苗日历苗龄 60 天左右，株高 13 厘米左右，茎干粗壮，节间短，茎粗 0.4 厘米，叶色深绿、肥厚，根乳白色，须根多，无病虫害。

八、辣椒生产中的市场需求

63. 国内外辣椒的市场需求是什么？

辣椒是世界上具有良好发展前景的经济作物之一。在20世纪70、80年代，我国推行改革开放，国内外食辣地域得到拓展，同时自20世纪90年代以来，随着人们对辣椒食用价值与开发价值的认识不断提高，辣椒及其制品在国际市场迅速发展成为全世界消费量最大的蔬菜之一，并逐步成为重要的天然色素、制药原料和其他工业原料。据资料显示，目前，全世界有2/3的国家种植和食用辣椒，食辣人群比重已超过20%，全球辣椒和辣椒制品多达1 000余种，其贸易量已超过咖啡与茶叶，交易额近300亿美元。近年来，我国辣椒产业也得到了迅猛发展，现已成为辣椒的最大生产、消费和出口国家。随着辣椒产业的发展、产品的增多、用途的增加等，市场对辣椒及其产品的需求也在发生变化。

（1）国际需求方面。一是我国辣椒国际市场需求将进一步增加。随着辣椒红色素、辣椒碱等深加工产品国际市场需求量的不断增加，国际市场特别是发达国家会加大对辣椒深加工产品的开发利用力度，而出于初级产品生产成本比较高的考虑，他们将更多地从发展中国家如中国、印度等辣椒生产大国进口辣椒原料。在这种背景下，我国生产的优质干红椒的国际市场需求量必然会进一步增加。以生产加工辣椒红色素的初级原料甜红椒为例，我国的产量约占全球甜红椒产量的50%，发达国家辣椒红色素开发利用力度的加大，必然会推动我国甜红椒国际市场份额的提高。二是我国辣椒加工制品如辣椒干、辣椒粉、辣椒油等的国际市场需求量也会进一步增加。随着辣椒饮食文化的不断传播，人们对辣椒功能认识的不断拓展，必然会推动全球食辣地域、人群的不断扩大，因此作为辣椒最大的生产国，国际对我国辣椒加工制品的需求量将进一步增加。三是鲜辣椒的需求量会进一步增加。作为国际辣椒消费的主要对象，鲜辣椒以其营养丰富的特点受到越来越多人的青睐。因此，随着辣椒生产技术水平的不断提高、贸易流通条件的不断完善，国际市场对我国鲜椒需求量会进一步增加。

（2）**国内需求方面。** 一是我国辣椒消费量增加。我国是一个拥有 14 亿人口的发展中大国，食辣历史悠久，人群庞大，且随着我国城镇化的快速发展，国内人口流动频繁，辛辣饮食文化得到快速传播，国内辣椒消费的地域、人员和数量进一步增加。另外，随着我国科技的不断进步，辣椒可消费产品增加，辣椒育种水平也得到了提高，不同辣度、不同用途的辣椒品种层出不穷，如水果辣椒、甜椒、观赏辣椒等，为不同区域的人们食用辣椒创造了条件，上述多种因素共同促进了我国辣椒消费量的增加。二是国内市场对辣椒深加工产品的需求量增加。随着人民生活水平的不断提高，人们对健康食品的要求会越来越迫切，人们对辣椒红色素等天然色素的需求量会不断增加。另外，随着市场需求的增加，辣椒在农业、医疗、保健、美容等方面的特殊功能将进一步得以挖掘，以辣椒碱等为代表的辣椒深加工产品将会不断涌现出来，国内市场需求量将不断增加。

64. 我国辣椒品种市场需求变化趋势是什么？有哪些变化？

近年来，随着我国辣椒市场需求量及设施面积的不断增加，辣椒种植面积也在不断扩大，且我国辣椒生产格局在由各地大而全分散生产向自然条件最合适的气候生态型优势区域集中生产、分散供应、出口加工、基地型规模化生产转换。格局的变化也带来辣椒品种市场需求的变化，主要表现在以下方面。一是随着我国设施面积的不断增加，设施辣椒反季节栽培成为重要的生产茬口，设施专用型品种需求量增加。但目前我国设施辣椒专用品种很大一部分被国外品种占领，如南菜北运生产区的福建，该地区的大棚、拱棚长季节栽培的设施专用型甜椒、辣椒基本上被国外品种垄断；南方单生朝天椒鲜食类型由国外品种主导。国内品种在抗病性、抗逆性方面急需提升。二是品质优良耐贮运的辣椒品种需求增加。随着人们生活水平的不断提高，风味、香味、口感等优良品质指标越来越受到消费者关注。商品性好、口感品质好、风味品质佳、耐贮运的优良辣椒品种市场需求越来越强烈。三是抗逆性、适应性强的优良品种市场占有率将提高。我国设施辣椒主要为反季节栽培，气候较差。国内品种由于仅重视早熟性、坐果集中、开展性等指标，忽视了耐低温性、抗逆性、直立性、持续坐果性等指标，在进行反季节栽培时容易出现早衰、坐果易断层等特点，因此抗逆性、适应性强的优良辣椒品种也正在成为市场新需求。四是对辣椒品种的抗病性要求更严。随着种植年限增加以及反常气候的频繁发生，辣椒新病害时常出现，并逐渐上升为主要病害，给生产带来较大损失。抗病性强的专用型优质辣椒品种正是生产者所需。

65. 辣椒的经济性状都有哪些？怎样评价？

经济性状是指可以产生经济效益的遗传性状比如产量、生长速度等。辣椒的经济性状主要有早熟性状、丰产性状、品质性状等。其中，早熟性状可以通过辣椒品种的开花期和早期单果重进行评价。丰产性状是由单株坐果数量、单果重等指标构成，在生产和育种实践中主要以单株果数、单果重、果宽、分枝数进行丰产性状评价。

品质性状由营养品质、风味品质和商品品质 3 个方面构成，其中，营养品质由维生素 C、可溶性糖和干物质含量决定，风味品质是由辣椒素含量和香味物质含量决定，商品品质是由果实的色泽、大小、果皮厚度及可食用比率等构成。营养品质和风味品质可通过品种的早熟性来评判，根据相关试验结果，早、中熟品种的维生素 C 和干物质含量高，营养品质较好；晚熟品种辣椒素含量较高。

66. 如何依据市场需求和品种经济性状选用适宜的品种？

选用适宜的品种是获得高产高效的基础。根据国内外辣椒市场需求、辣椒品种需求变化趋势分析，目前专用型、优质、耐贮运、抗病性强等性状已逐渐成为生产和育种的新方向；另外结合辣椒品种经济性状评价分析，进行鲜食生产时，宜选用始花期早、早期单果重大的早、中熟辣椒品种；进行深加工产品的原料生产时，可选用单果坐果数多、单果重大的晚熟辣椒品种。

67. 您了解辣椒产品市场的几个规律吗？

2015 年，闫建伟对我国 2008—2015 年的辣椒价格数据调查分析认为，我国辣椒价格变化呈现高频性、低水平性、较大离散性、轻微扁平和中等右偏形态分布的特征，同时辣椒价格波动还具有季节性、不规则形、趋势循环性、周期性、非集聚性等特征（图 8 - 1）。

2019 年，赵帮宏等通过对我国 2017 年、2018 年辛辣蔬菜价格变化调查分析认为，2017 年、2018 年辣椒价格总体呈上升态势，其中 2018 年鲜辣椒价格迎来 5 年来的最高峰，年均价格 6.93 元/千克，而干辣椒作为重要的调味品，2017 年以来价格也呈现持续上升态势，山东武城英潮干辣椒价格指数从 84 上升至 116（图 8 - 2）。

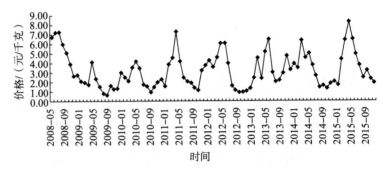

图 8 - 1 2008 年 5 月至 2015 年 9 月我国辣椒价格变化

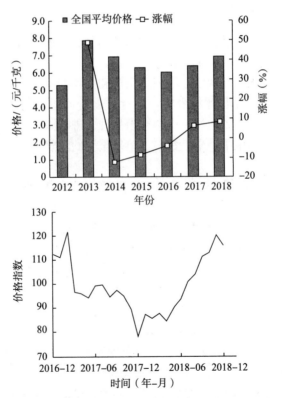

图 8 - 2 2016—2018 年山东武城英潮干辣椒价格指数

九、北方地区辣椒保护地优质高效栽培技术要点

日光温室辣椒优质高效栽培技术要点有哪些？

日光温室是节能日光温室的简称，又称暖棚，是我国北方地区独有的一种设施类型。日光温室由两侧山墙、后墙体、支撑骨架及覆盖材料组成，可通过后墙体等对太阳能吸收实现蓄、放热，从而实现不加温即可进行蔬菜的生产。

日光温室的结构各地不尽相同，分类方法也多种多样，如按墙体材料可分为干打垒土温室、砖石结构温室、复合结构温室等；按后屋面长度可分为长后坡温室和短后坡温室；按前屋面形式可分为二折式、三折式、拱圆式、微拱式等；按结构可分为竹木结构、钢木结构、钢筋混凝土结构、全钢结构、全钢混凝土结构、悬索结构、热镀锌钢管装配结构。

不同结构日光温室性能不同，进行辣椒生产的技术要点也不尽相同。该书以北方地区常见的砖石结构、钢筋混凝土结构温室为代表阐述日光温室辣椒优质高效栽培技术要点。

（1）茬口安排。北方地区日光温室辣椒生产主要有秋冬茬、早春茬、越冬茬 3 种茬口安排（表 9-1）。

早春茬（冬春茬）一般是在 10 月下旬至 12 月上旬播种育苗，苗龄 70～90 天，2 月上中旬定植，4 月初至 6 月采收。

秋冬茬辣椒是指自深秋到春节前（一般是在 11 月至次年 2 月）供应市场的栽培茬口。生产上，秋冬茬辣椒栽培有两种方式，一是育苗移栽，一般是 7 月中旬育苗，苗龄 40～60 天，8 月下旬至 9 月上旬定植，10 月中下旬至 11 月初开始采收，次年 2 月结束；二是老株更新栽培，即利用日光温室冬春茬或早春茬辣椒越夏连秋栽培经过老株剪枝更新转入秋冬茬生产的一种方式，目前该方式已不常用。

越冬茬，是目前高效节能日光温室辣椒栽培中最主要的生产茬口，也是价格、收益相对较高的茬口。一般是在 7 月下旬至 8 月中旬播种育苗，9 月定植，11 月中旬至次年 6 月采收。

表 9 - 1　日光温室辣椒主要生产茬口安排

栽培茬口	播种期	定植期	采收期
冬春茬	10 月下旬至 12 月上旬	2 月上中旬	4～6 月
秋冬茬	7 月中旬	8 月下旬至 9 月上旬	10 月中旬至次年 2 月
越冬茬	7 月下旬至 8 月中旬	9 月上旬至下旬	11 月中旬至 6 月中旬

（2）品种选择。设施保护地栽培主要以产量高的鲜食辣椒品种为主。日光温室辣椒生产应根据当地市场消费需求、自身日光温室性能综合选择，同时由于不同茬口、辣椒的生产周期、生产环境、市场供应时间不同，品种选择也应有所区分。

秋冬茬辣椒品种育苗正处于北方 7 月的高温季节，且其市场供应主要集中在 11 月至次年 2 月，该茬口品种以中晚熟品种为主，另外，苗期耐高温、后期耐低温能力应重点考虑，尤其是在低温条件下果实的商品外观方面，应选择耐低温、商品率高的品种。目前，生产上常用的品种羊角椒品种有迅驰 37 - 74、日本长剑、农大 24 号、巴莱姆等；方灯笼形甜椒品种有中椒 108、红塔 2 号等。

① 农大 24 号（彩图 10）。中早熟，微辣长粗羊角形，植株较直立，果实纵径 30 厘米左右，单果重 120～150 克，果肉厚 5

毫米，果面黄绿色，光滑且富有光泽，商品性好，连续坐果能力强，且植株上、下部果实大小均匀一致。抗病性强，对高温、低温均有一定耐性。

② 巴莱姆。无限生长型辣椒品种、生长势强，适应性强。辣椒商品性好，深绿色、果肉厚，果实纵径 25～30 厘米，整齐度高，口感清香。可在北方地区越冬、冬春、越夏、秋延后等多个茬口栽培。

③ 中椒 108。中熟，方灯笼形，4 心室率高，果面光滑，果实绿色，单果重 180 克左右，果肉厚 0.6 厘米。耐贮运，货架期长，抗病毒病，耐疫病。

④ 红塔 2 号。荷兰维特种子公司中早熟品种，植株长势旺盛，叶大深绿，果形整齐，果肉厚，多为 4 心室，果色绿转红，深红亮丽，可采摘红椒或绿椒。

(3) 培育壮苗。日光温室辣椒生产，不同茬口播种育苗时期不同，所处的气候环境不同，在培育壮苗时应根据具体茬口区分管理。且日光温室辣椒生产多为反季节生产，外界环境不适宜辣椒生长，通过嫁接提升植株抗性对获得较高产量和收益至关重要。

(4) 定植前准备。

① 整地施基肥。日光温室辣椒生产每亩地施入腐熟有机肥 4～5 吨，2/3 撒施，1/3 可在定植畦沟施，具体施入量可根据种植地块的土壤营养肥力及目标产量而定。采用旋耕机深翻 30～40 厘米，然后整地做畦，为提高土壤温度、加强通风透光，日光温室辣椒生产多采用小高畦（高垄）栽培。一般畦面宽 60～70 厘米，畦面高 15 厘米，畦间距 70～80 厘米。

② 温室清洁消毒（彩图 11）。日光温室一年四季可进行生产，棚室内空闲期短、病虫害复杂，且日光温室辣椒 3 个主要生产茬口产量形成关键期通风量会随着外界气温的降低而减少，室内相对湿度增大易出现病菌危害。在定植前对室内进行清洁消毒，对于减少发病风险提升产品质量安全至关重要。不同茬口可

以采取不同的消毒方式，具体如下。

秋冬茬和越冬茬定植时，北方地区进入初秋，雨水较少，晴天较多可采用高温闷棚的方法进行消毒。该方法利用高温进行消毒，地表下 10 厘米处的最高地温可达 70 ℃，20 厘米深处的地温可达 45 ℃以上，杀菌率可达 80%以上，具有成本低、污染小、操作简单、效果好的特点，易被生产者接受。

该方法为达到较好的杀菌消毒效果，应注意以下几点，一是消毒前要将基肥施入，整地做畦，用地膜进行覆盖并密闭棚膜，注意要严格保持温室的密闭性，闷棚 10～15 天；二是消毒时，土壤含水量要达到田间最大持水量的 60%，如果土壤含水量偏低时应浇水后消毒，一般灌溉的水面高于地面 3～5 厘米为宜；三是为了达到更好的消毒效果，可结合辣根素等药剂消毒。

冬春茬定植正值初冬季节，日照时间短，时间紧迫，该时期外界气温低，温室清洁消毒常采用药剂消毒法，常用的药剂有辣根素、百菌清熏蒸剂、硫黄熏蒸剂、臭氧消毒等。具体消毒分为棚室表面灭菌消毒和土壤消毒。

a. 棚室表面灭菌消毒。即采用高效烟雾机、雾化机、臭氧消毒机或熏蒸剂等对温室内墙体、骨架、设施设备等的表面进行消毒（彩图 12，彩图 13，彩图 14）。

众多消毒方法中，施药方式不同，防控效果、药剂利用率不同，成本也存在差异。通过试验比较得出，烟熏剂熏蒸消毒，操作简单不需要辅助设备，但该方法化学药剂利用率低，在 40%以下，且药剂颗粒较细，易飘散外溢造成环境污染；同时需加热施用，加热过程中药剂易分解损失，且可用药剂较少，成本较高，易产生药害。常温烟雾施药机消毒，施药均匀，药剂利用率可达 60%以上，同时不受药剂剂型限制，水剂、油剂、乳剂、可湿性粉剂均可，也不受天气限制、节水、节药对棚室湿度影响较小，可自动施用，实现人不入棚消毒。臭氧消毒机消毒，快捷、高效、可实现自动消毒，但对棚室密闭要求较高，否则臭氧易外溢对环境造成污染。

b.土壤消毒。日光温室可周年进行蔬菜生产，连年重茬种植土地得不到正常的休养，而且相对封闭的环境，容易引起土传病原菌的积累，从而导致棚室内土传病害逐年加重。土传病害一般危害植物的根和茎，植物生长前期一旦发生病害，幼苗根腐烂或是茎腐烂猝倒将严重影响作物产量，甚至绝收。辣椒重茬1年产量下降10%～15%，重茬2年下降20%～30%，重茬3年下降30%～50%，严重的甚至减产70%，重茬已成为阻碍辣椒产业发展的重要因素。

土壤消毒方法有药剂消毒、蒸汽高温消毒、热水消毒、火焰高温消毒等。其中，热水消毒、蒸汽消毒、石灰氮消毒作业量大、费时费力且相对比较危险。氯化苦、棉隆、火焰高温消毒可实现机械化操作，快捷高效。以下重点对上述3种方法进行技术要点描述。

① 氯化苦土壤消毒技术要点。消毒条件：土壤深度20厘米处，地温在15℃以上，土壤含水量应达到田间持水量的70%。

施药方法：将消毒地块深翻30厘米，然后用专用土壤熏蒸剂将氯化苦注射到15～20厘米深处，每亩施用25～35千克，用0.04毫米的农膜覆盖封严，密闭熏蒸7～15天后，揭膜散气，2～3天后即可定植。

② 棉隆土壤消毒技术要点。消毒条件：土壤温度应高于10℃，土壤含水量应达到田间持水量的40%～60%，如果土壤干燥，可在消毒前灌水，3～5天后待机械可进行田间操作时，立即翻松土壤打碎土块，为气体扩散和渗透提供良好条件，保证用药效果。

药剂施用量及施药方法：将棉隆微粒剂用棉隆施药机均匀撒施于地表，根据辣椒地块连坐时间的长短和土传病害发生的轻重程度选择施药剂量，一般3年连作地块，每亩施98%棉隆微粒剂20千克，4～6年连作地块每亩施98%棉隆微粒剂25千克，

7 年以上连作地块每亩施 98％棉隆微粒剂 30 千克。然后立即旋耕土壤 1～2 次，深度 25～30 厘米。药剂与土壤拌匀后，覆盖 0.04 毫米厚的无破损地膜，并将四周压实，然后采用滴灌充分浇水至土壤含水量饱和，使药剂遇水后能产生消毒气体。密闭消毒 15～20 天。

揭膜通风定植：密闭消毒 15～20 天后，揭膜通风，5 天后旋耕土壤 1 次，耕深 25～30 厘米，再通风 5 天左右即可定植。

③ 火焰高温消毒技术要点。火焰高温消毒采用的主要设备是火焰高温消毒灭菌杀虫机，在旋耕的过程中利用燃烧的液化气，土壤深度 0.3～0.5 米的受污染土壤经提取粉碎送入烘箱，在烘箱内下落到出土板时对其进行瞬间 1 000 ℃的高温灭菌杀虫，土壤中的病原微生物、杂草种子均被杀灭，土壤内部分残留的药物也在此过程中被有效地清除，而且土壤中的有机物、无机盐等营养物质并未遭到破坏。火焰高温消毒法不仅绿色环保安全，还省工省时，当天进行土壤消毒，第二天就可以定植，且不受季节和茬口的限制。

(5) 定植及定植密度要求。10 厘米土壤温度在 15 ℃以上时均可定植。日光温室生产茬口不同，生产周期略有差异，定植密度也有所不同。其中，秋冬茬生产，辣椒生产周期相对较短，至次年 2 月拉秧，可采用大行距 70～80 厘米，小行距 50～60 厘米，株距 30～35 厘米的小高畦双行密植模式，一穴双株，每亩 3 200～3 400 株和 6 400～6 800 株；冬春茬和越冬茬至次年 6 月拉秧，生长周期相对较长，可采用大行距 70～80 厘米，小行距 60～70 厘米，株距 25～30 厘米的小高畦双行单株定植模式，一穴一株，每亩 2 500～2 700 株。

(6) 定植后管理。

① 温度管理。定植后缓苗期温度管理。定植之后，为了促进缓苗，尤其是冬春茬定植时外界温度偏低，需保持高温、高湿的环境，白天不进行通风并适当提早盖苫（棉被）时间。此阶段

不宜持续太长时间以免秧苗徒长和染病，最长以不超过 7 天为宜。

缓苗后温度管理。缓苗后，通过调节通风量对温度加以控制，白天最高温度不宜超过 30 ℃。对于秋冬茬和越冬茬前期，30 ℃的温度在一天当中不宜超过 3 小时，否则会给坐果和果实发育带来不良影响。根据试验研究，耐高温的辣椒品种分别在高温区（最高温度 37～40 ℃）和适温区（最高温度 28 ℃）栽培，适温区的畸形果发生率在 10％以内，而高温区为 31.9％～42.9％；容易发生畸形果的品种，适温区的畸形果发生率为 18.8％～34％，而高温区则高达 66.4％～76.2％；适温区的落果率为 13.2％～25.8％，高温区为 25.4％～60.5％。另外，为促进辣椒光合作用顺利进行，可在中午之前温室内气温保持在 26～28 ℃，中午后温室内气温保持在 28 ℃左右，以利于温室蓄热。夜间温度采用阶段性管理，温室内温度 23～20 ℃时覆盖草苫或棉被，然后自盖苫（棉被）后至 22 时，温室内气温由 20～23 ℃逐渐降低到 18 ℃，以促使光合产物的运输积累。此后至次日揭苫，最低温度宜控制在 13～15 ℃。根据试验，如果夜间最低温度低于 13 ℃，会使辣椒开花数减少（最低温度不高于 10 ℃的低温区不同品种的开花数比标准区减少 9.9％～22.7％）、坐果率降低（标准区为 19.3％～33.1％，低温区为 13.2％～25.8％），畸形果增多（低温区为 8.3％～29.6％，标准区为 7.5％～15.8％），而且对次日的光合作用也有一定的影响。

入春后，随着外界气温的升高，日光温室可逐渐增加通风量，先用顶风口通风降温，然后逐渐开肩风口通风，到露地可以定植时不用再覆盖草苫或棉被，外界最低气温稳定在 15 ℃以后，可以揭开底脚薄膜昼夜通风。

② 水肥管理。不同区域辣椒的种植模式不同、茬口不同以及目标产量不同，对氮、磷、

辣椒定植后至
开花结果期管理

钾养分的吸收量也不同，因此在肥水方面应采取针对性的管理。

据文献调研和试验研究总结发现，每生产 1 吨辣椒（鲜重），需从土壤中吸收氮 4.04～4.46 千克，磷 0.45～0.61 千克，钾 4.42～5.16 千克。以北方地区典型设施土壤栽培为例，日光温室不同种植方式及茬口辣椒的目标产量及养分吸收量如表 9-2。

表 9-2 日光温室辣椒不同茬口生产养分吸收量

种植模式	生育期（天）	目标产量（千克/亩）	养分吸收（千克/亩）		
			氮	磷	钾
冬春茬	120～130	4 000～5 000	16～20	1.7～2.2	17～22
秋冬茬	150～160	3 000～4 000	12～16	1.3～1.7	13～17
越冬茬	270～280	6 000～7 000	24～28	2.6～3.1	26～31

同时，日光温室辣椒在不同时期对养分的吸收不同，根据相关研究，整个生育期的养分需求基本符合 S 形曲线特征，在开花期前，辣椒对养分的吸收量小，从结果期开始，养分的吸收逐渐增加，进入采收初期后养分需求急剧增加，到采收后期又逐渐降低。辣椒关键生育期的养分吸收配比见表 9-3。

表 9-3 日光温室不同茬口辣椒生育期氮、磷、钾吸收比例

生育期	各生育期养分吸收比例（%）								
	氮			磷			钾		
	冬春茬	秋冬茬	越冬茬长茬	冬春茬	秋冬茬	越冬茬长茬	冬春茬	秋冬茬	越冬茬长茬
苗期（7～10 天）	5.7	5.1	9.8	15.1	11.1	12.3	5.9	5.3	10.1

（续）

生育期	各生育期养分吸收比例（%）								
	氮			磷			钾		
	冬春茬	秋冬茬	越冬茬长茬	冬春茬	秋冬茬	越冬茬长茬	冬春茬	秋冬茬	越冬茬长茬
开花坐果期（20～25天）	16.2	21.9	20.1	20.4	20.4	21.7	16.6	12.1	14.9
结果初期（30～35天）	30.5	23.1	27.5	33.6	33.6	23.1	32.5	33.6	26.1
结果盛期（80～85天）	41.6	39.7	31.2	24.3	24.3	27.8	34.4	39.1	36.6
结果末期（20～25天）	6.0	10.2	11.4	10.6	10.6	15.1	10.8	9.9	12.3

日光温室辣椒生产追肥总体原则是"以氮定磷钾"，然后依据作物目标产量、土壤养分供应、施肥习惯和方式、作物需肥规律等情况确定肥料施用量和方式，并根据辣椒生育期确定分施次数，下面以北京地区典型日光温室辣椒生产为例详细阐述北京地区日光温室3个茬口辣椒生产施肥次数、推荐施肥量。

施肥次数及分配比例。根据辣椒不同生育期肥料需求规律，并结合试验数据分析得出，日光温室辣椒不同茬口生产，苗期需肥量最少，采收盛期需肥量最多，且施肥次数最多，氮素分配比列应为最高，尤其是越冬茬长生产周期生产，采收盛期施肥次数达到8次，氮素分配比例占整生产周期的31%，其他茬口见表9-4。

推荐施肥量。不同的土壤肥力、目标产量需肥量不同，施肥量也不同，下面以北京地区、中上等肥力土壤地块的不同茬口辣

表9-4 日光温室辣椒不同茬口、不同生产期水溶性肥料
分施次数及氮素分配比例

种植模式	苗期		开花坐果期		结果初期		结果盛期		结果末期	
	比例（%）	次数	比例（%）	次数	比例（%）	次数	比例（%）	次数	比例（%）	次数
冬春茬	6	1	16	2	30	3	42	4	6	1
秋冬茬	5	1	22	2	23	2	40	6	10	1
越冬茬	10	1	20	2	28	3	31	8	11	2

椒需肥量及推荐施肥量。

冬春茬（目标产量5~6吨，基肥施用量3~4吨/亩，膜下滴灌灌溉方式），根据表9-2养分吸收量计算得出，需氮20~25千克/亩，磷7~9千克/亩，钾21~27千克/亩。根据表9-4分配比例及肥料利用率计算得出，该茬口氮素供应目标值为26~30千克/亩，氮素养分追肥推荐总量为15~20千克，一般按照氮素分配比例为苗期8%，开花坐果期16%，结果初期25%、结果盛期41%、结果末期10%进行分期调控，得出滴灌条件下该地块冬春茬辣椒推荐追肥方案见表9-5。

表9-5 冬春茬辣椒推荐追肥方案

生育期	每次氮投入量（千克/亩）	灌溉施肥次数	氮总投入量（千克/亩）	建议肥料配方	肥料用量（千克/亩）	按推荐用量合计带入磷、钾量（千克/亩）	
						磷	钾
苗期（7~10天）	1.2~1.6	1	1.2~1.6	16-20-14	8~10	1.6~2.0	1.1~1.4
开花结果期（20~25天）	1.2~1.6	2	2.4~3.2	16-20-14	15~20	3.0~4.0	2.1~2.8
结果初期（25~30天）	1.3~1.7	3	3.9~5.1	19-5-26	21~27	1.1~1.4	5.5~7.0

（续）

生育期	每次氮投入量（千克/亩）	灌溉施肥次数	氮总投入量（千克/亩）	建议肥料配方	肥料用量（千克/亩）	按推荐用量合计带入磷、钾量（千克/亩）	
						磷	钾
结果盛期（40～45 天）	1.5～2.1	4	6.0～8.4	19 - 5 - 26	32～44	1.6～2.2	8.3～11.4
结果末期（20～25 天）	0.8～1.0	2	1.6～2.0	19 - 5 - 26	9～11	0.5～0.6	2.4～2.9
总施肥量	—	—	15.1～20.3			7.8～10.8	19.4～25.5

秋冬茬（目标产量 5～6 吨，基肥施用量 3～4 吨/亩，膜下滴灌灌溉方式），根据表 9 - 2 养分吸收量计算得出，需氮 12～16 千克/亩，磷 3～4 千克/亩，钾 17～20 千克/亩。根据表 9 - 4 分配比例及肥料利用率计算得出，该茬口氮素养分追肥推荐总量为 15～20 千克，一般按照氮素分配比例为苗期 5%，开花坐果期 22%，结果初期 23%、结果盛期 40%、结果末期 10%进行分期调控，得出滴灌条件下该地块冬春茬辣椒推荐追肥方案见表 9 - 6。

表 9 - 6　秋冬茬辣椒推荐追肥方案

生育期	每次氮投入量（千克/亩）	灌溉施肥次数	氮总投入量（千克/亩）	建议肥料配方	肥料用量（千克/亩）	按推荐用量合计带入磷、钾量（千克/亩）	
						磷	钾
苗期（7～10 天）	0.6～0.8	1	0.6～0.8	16 - 20 - 14	4～5	0.8～1.0	0.6～0.7
开花结果期（20～25 天）	1.3～1.7	2	2.6～3.4	16 - 20 - 14	16～21	3.2～4.2	2.2～2.9

（续）

生育期	每次氮投入量（千克/亩）	灌溉施肥次数	氮总投入量（千克/亩）	建议肥料配方	肥料用量（千克/亩）	按推荐用量合计带入磷、钾量（千克/亩）	
						磷	钾
结果初期（25～30 天）	1.4～1.7	2	2.8～3.4	19‑5‑26	15～18	0.8～0.9	3.9～4.7
结果盛期（40～45 天）	0.8～1.0	6	4.8～6.0	19‑5‑26	25～32	1.3～1.6	6.5～8.3
结果末期（20～25 天）	1.2～1.5	1	1.2～1.5	19‑5‑26	6～8	0.3～0.4	1.6～2.1
总施肥量	—	—	12.0～15.1			6.4～8.1	14.8～18.7

越冬茬（目标产量 6～7 吨，基肥施用量 3～4 吨/亩，沟灌灌溉方式），根据表 9‑2 养分吸收量计算得出，需氮 24～28 千克/亩，磷 10～12 千克/亩，钾 30～35 千克/亩。根据表 9‑4 分配比例及肥料利用率计算得出，该茬口氮素供应目标值为 35～38 千克/亩，养分追肥推荐总量为 21～25 千克，一般按照氮素分配比例为苗期 10%，开花坐果期 20%、结果初期 29%、结果盛期 33%、结果末期 8%进行分期调控，得出滴灌条件下该地块冬春茬辣椒推荐追肥方案见表 9‑7。

表 9‑7　越冬茬辣椒推荐追肥方案

生育期	每次氮投入量（千克/亩）	灌溉施肥次数	氮总投入量（千克/亩）	建议肥料配方	肥料用量（千克/亩）	按推荐用量合计带入磷、钾量（千克/亩）	
						磷	钾
苗期（10～15 天）	2.1～2.5	1	2.1～2.5	16‑20‑14	13～16	2.6～3.2	1.8～2.2
开花结果期（25～30 天）	2.1～2.5	2	4.2～5.0	16‑20‑14	26～31	5.2～6.2	3.6～4.3

（续）

生育期	每次氮投入量（千克/亩）	灌溉施肥次数	氮总投入量（千克/亩）	建议肥料配方	肥料用量（千克/亩）	按推荐用量合计带入磷、钾量（千克/亩）	
						磷	钾
结果初期（30～35天）	2.0～2.4	3	6.0～7.2	22 - 4 - 24	27～33	1.1～1.3	6.5～7.9
结果盛期（80～85天）	0.9～1.1	8	7.2～8.8	19 - 5 - 26	38～46	1.9～2.3	9.9～11.9
结果末期（20～25天）	0.8～1.0	2	1.6～2.0	19 - 5 - 26	8.4～10.5	0.4～0.5	2.2～2.7
总施肥量	—	—	21.1～25.5			11.2～13.5	24.0～29.0

3个茬口在推荐追肥方案施肥策略下可结合叶面施肥管理，现蕾后开始以叶面喷施的方式补充钙肥，每次间隔15天，喷施3～4次；在开花期及坐果初期叶面喷施硼肥2～3次；在开花期和果实快速膨大前叶面喷施镁肥2～3次。

插架固定、整枝打杈同北方露地生产，另外在温室生产时，插架固定可采用吊秧的方式加强植株间的通风透光，减少病害发生。

69. 日光温室辣椒再生技术管理要点是什么？

辣椒再生栽培技术是指在头茬辣椒生长到一定阶段后，剪去地上部枝条，保留辣椒基部2～3个侧枝，利用保留的侧枝重新萌发枝条进行生长的一项技术。该技术具有发棵快、结果早，前期结果量大，效益高等优势，在我国南北方均有较好应用。在北方地区对春天的辣椒在正常采收后再进行剪枝复壮，能够促进植株的第二次发育、结果，可以实现秋延后第二次辣椒丰收。不仅可以解决秋冬季节辣椒种植再次育苗的不利问题，而且在土地利用和生产投入上效益显著，同时可促进辣椒提早上市，对解决区域内新鲜辣椒淡季供应发挥了重要作用。在南方地区，辣椒剪枝再生栽培模式主要有两种，一是对春茬辣椒进行夏季剪枝，使其安全越夏，萌发新枝，秋季继续生长（同北方）；二是对秋茬辣椒进行春季剪枝，使其春季继续生长。与育苗移栽不同，辣椒剪枝再生在管理上应注意以下技术要点。

（1）品种选择。 选择根系发达、生长势强、再生能力强、高产、抗病的辣椒品种如中椒系列品种、洛椒 4 号、湘研 15 号、丰抗 21、湘辣 14、兴蔬 215、湘研 812 和陇椒 1 号等。

① 兴蔬 215。中熟尖椒品种，果实长牛角形，青果绿色，果直光亮，果长 20 厘米，果横径 2.8 厘米左右，单果重 40 克左右，连续坐果能力强，抗疫病、炭疽病、病毒病，耐高温干旱。

② 湘研 812。早熟，浅绿色粗牛角椒品种，生长势强，株高 65 厘米，开展度 58 厘米左右，分枝较多，第一花着生节位 9～11 节，果长 19 厘米左右，果宽 6.0 厘米左右，果肉厚 0.25 厘米左右，3 个心室为主，平均单果重 70 克，青果为浅绿色，成熟果为红色，微辣，中抗 CMV 病毒病、TMV 病毒病、疫病、炭疽病，耐寒性、耐热性、耐涝性中等。

（2）剪枝。

① 剪枝时间。不同地区气候不同、种植茬口不同，剪枝复壮时间也不同，一般是在第一茬次果采收后，外界环境条件不利于辣椒生产的时期进行。相关研究表明，黑龙江地区可在 5 月中旬剪枝；内蒙古通辽地区可在 7 月中旬剪枝复壮；山东济宁地区可于 5 月中旬左右剪枝复壮；湖北地区可于 6 月中旬剪枝复壮；湖南地区春季剪枝宜在 1 月初至 2 月中旬，夏季剪枝宜在 7 月下旬；四川地区可在 12 月中旬剪枝复壮。

② 修剪位置。剪枝的位置对辣椒植株成活率、单株果数、产量具有较大的影响，通过试验研究及生产数据得出，辣椒在"四门斗"以上进行剪枝，植株成活率最高，前期产量也最高，

增效较为明显。

③ 剪枝再生管理。

剪枝。在剪枝前 15 天左右，对植株进行打顶，不让植株形成新的梢或花蕾，促使下部侧枝及早萌动，然后用锋利的修枝剪将"四门斗"以上枝条全部剪除，剪口在分枝以上 1 厘米处，剪口斜向下且光滑。

清除所剪枝叶。将剪除的上部枝叶及时清除棚室，并采用广谱性杀菌消毒剂如多菌灵、敌磺钠、辣根素等对植株和棚室进行消毒。

培肥浇水复壮促萌芽。剪枝后选晴天，每亩随水施入高氮高钾水溶性复合肥 10 千克以促进腋芽萌发。同时可以结合中耕松土，每亩施用腐熟有机肥 800～1 000 千克，每 10 天左右浇 1 次水。

抹除多余侧芽。剪枝 7 天左右，剪口处抽发出辣椒簇生芽，然后选留 5～6 个饱满芽，待长至 5～10 厘米时定新枝 3～4 个，然后抹除其他簇生芽。在簇生芽萌发并开始生长后，可喷施 1 次 30 毫克/升的赤霉素，促进植株生长势的快速恢复。

注意事项。剪枝应在晴天上午进行，剪枝时剪刀应消毒，每剪一株植株用 0.1% 高锰酸钾溶液或 75% 酒精为剪枝刀消毒 1 次。另外，剪枝复壮技术实施多为环境条件较差的时期，植株长势相对较弱，且新发枝幼嫩，易受病菌危害，在管理上应加强病虫的防控，尤其是病毒病以及蚜虫、白粉虱等。可在新枝抽生后喷施 2～3 次病毒病及杀虫药剂进行防控。

70. 塑料大棚辣椒优质高效栽培技术要点

塑料大棚是以竹木、钢架等为支撑，塑料薄膜为覆盖材料，主要用于果蔬生产的拱形设施，俗称"冷棚"，是一种简易实用的保护地栽培设施，由于其建造容易、使用方便、投资较少，在世界各国普遍采用。其可以促进蔬菜提早或延迟供应，提高单位面积产量，防御自然灾害，对缓解蔬菜淡季供求矛盾起到了特殊的重要作用。目前，我国塑料大棚从结构和建筑材料划分，应用较多的主要有 3 种类型，一是竹木结构塑料大棚；二是焊接钢结构塑料大棚；三是镀锌钢管装塑料大棚。本书以北方地区常见的镀锌钢管装塑料大棚为代表阐述辣椒优质高效栽培技术要点。

（1）茬口安排。塑料大棚辣椒生产主要有 2 个茬口，春提前茬口和越夏（延秋）茬口。部分地区存在秋延后茬口，但该茬口生产时间短、产量和效益较低（表 9 - 8）。

①春提前茬口。是利用塑料大棚提早定植、提早上市的优势，在 3 月中下旬至 4 月上旬定植，5 月中下旬开始采收，7 月中旬拉秧的栽培茬口。

②越夏（延秋）茬口。定植时间与春提前茬口相同，但生长周期延长至 11 月上中旬的栽培茬口。该茬口多在夏季相对冷凉的地区采用。

③秋延后茬口。是利用塑料大棚可延迟生产，延长生长周期的特点，在 7 月初定植，9 月上中旬采收上市，11 月上中旬拉秧的栽培茬口。

表 9 - 8 塑料大棚辣椒生产茬口

茬口	播种期	定植期	采收期
春提前	12 月中下旬至次年 1 月上旬，冷凉高海拔山区 1 月中下旬至 2 月上旬	3 月中下旬至 4 月上旬	5 月下旬至 7 月上中旬
越夏（延秋）	12 月中下旬至次年 1 月上旬，冷凉高海拔山区 1 月中下旬至 2 月上旬	3 月中下旬至 4 月上旬	5 月下旬至 11 月上中旬
秋延后	5 月下旬至 6 月上旬	7 月上旬	9 月上旬至 11 月上中旬

（2）品种选择。塑料大棚辣椒生产也主要以产量高的鲜椒生

产为主，但塑料大棚生产与日光温室生产不同，其主要目的是促进产品提早上市或延迟上市以获得较高的收益，因此，在品种选择上应选择早熟或中早熟品种为主。同时，由于塑料大棚较日光温室保温性较差，在生产前期和后期棚室内温度较低，在品种选择时也应考虑品种耐低温能力，另外，越夏（延秋）栽培时，需经历7月、8月的高温季节，品种的耐热、抗早衰能力也应作为品种选择时的重要考虑因素。

大果型品种可选用辽椒4号、中椒2号、苏椒5号、甜杂2号、国禧105等，尖椒品种可选择航椒4号、5号、湘研1号、农大3号、国福208、沈椒3号、陇椒5号等。

① 国禧105。早熟，果实方灯笼形，3～4心室，果实绿色，果面光滑，单果重160～270克，低温耐受性强，抗烟草花叶病毒、黄瓜花叶病毒和青枯病。

② 国福208。中早熟、果实长宽羊角形，果形顺直美观，肉厚质脆，腔小；果型为（23～25）厘米×3.5厘米，单果重80克左右；辣味适中，淡绿，红果鲜艳，成熟后不易变软，耐贮运，持续坐果能力强，商品率高；高抗病毒病、叶斑病；耐热耐湿，越夏栽培结实率强。

③ 农大3号。中早熟，果实长粗牛角形，纵径30厘米左右，单果重130克左右，果面黄绿色，富有光泽。低温适应性强，抗病性强，连续坐果性好，高产，商品率高。

④ 航椒4号。中早熟，鲜、干兼用型，始花节位9～11节，株高100厘米左右，开展度60厘米左右，果实长羊角形，果面皱，果长约30厘米，果粗1.6厘米，单果重28克左右，青熟果深绿色，老熟果深红色，干椒紫红色，光泽好，风味佳，抗病性强，耐高温干旱，连续坐果能力强，适应性广。

（3）定植前准备。塑料大棚多层覆盖提早定植技术根据我国各地多年辣椒价格周年变化规律，塑料大棚生产产品越早上市价格越高，收益相对也较高，因此通过技术手段使辣椒提早定植、辣椒产品提早上市成为生产者增产、增收的一项重要技术。

该技术是通过在塑料大棚内部搭设"二道幕"（彩图 15）、小拱棚，结合棚膜和地膜形成 4 层覆盖来快速提温实现提早定植（彩图 16，彩图 17），同时，也大大降低了偶发的"倒春寒"对定植植株的危害。

2011 年，北京市农业技术推广站采用该技术在冷凉山区延庆区进行塑料大棚辣椒提早定植试验示范，将定植期由 4 月 20 日提早至 3 月 30 日，提早定植 21 天，产品提早上市 11 天，亩增加成本投入 504.75 元，每亩增产 1 978.67 千克，净增收 3 912.67元（表 9 - 9，表 9 - 10）。

表 9 - 9 多层覆盖提早定植技术成本投入及增收情况分析

费用名称		单价	使用量	总计（元）
二道幕＋地膜 （2 米宽流滴薄膜）		230 元/捆（250 米）	1.5 捆	345
细竹竿		20 元/捆（100 根）	330 根	66
劳动力成本	盖膜	（50 元/天）	1.25 个工	62.5
	掀膜	（50 元/天）	0.625 个工	31.25
多支出成本		504.75 元		
增收		4 417.42 元		
净增收		3 912.67 元		

表 9 - 10 塑料大棚不同覆盖方式下辣椒产量及收益对比
（2011 年北京延庆数据）

技术措施	定植期	始收期	拉秧期	亩产量（千克）	亩产值（万元）
多层覆盖提早定植	3 月 30 日	6 月 9 日	10 月 24 日	10 096.94	3.01
未多层覆盖常规定植	4 月 20 日	6 月 20 日	10 月 21 日	8 118.42	2.57

定植及定植密度要求。10 厘米土壤地温稳定在 12 ℃，气温稳定在 15 ℃，夜间最低气温 5 ℃以上时即可定植。定植一般在 3 月中下旬至 4 月初的晴天定植。定植密度根据品种的开展度及生长周期长短确定，植株长势强、甜椒及大果型品种，一般植株开展度小紧凑型辣椒品种每亩定植 2 200～2 700 株，开展度稍大的品种每亩定植 2 000～2 500 株。线椒、干制辣椒品种每亩定植 4 500～6 000 株。

（4）定植后管理。 塑料大棚春提前茬口温度管理同日光温室冬春茬管理，越夏（延秋）温度管理同日光温室越冬茬管理。水肥管理方面，塑料大棚与日光温室略有不同，一是养分吸收量不同；二是不同生育期对养分吸收配比不同，具体如表 9 - 11。

表 9 - 11　塑料大棚辣椒目标产量及养分吸收量

种植模式/茬口	生育期（天）	目标产量（千克/亩）	养分吸收（千克/亩）		
			氮	磷	钾
春提前茬口	120～130	5 000～6 000	20～25	2.2～2.6	22～26
越夏（延秋）茬口	240～250	6 000～7 000	24～28	2.6～3.1	26～31

塑料大棚辣椒生产不同生育期对养分需求也基本符合 S 形曲线特征，但在吸收比例方面有所不同。塑料大棚辣椒不同生育期对养分的吸收比例见表 9 - 12。

表 9 - 12　塑料大棚不同茬口辣椒生育期氮、磷、钾吸收比例

生育期	各生育期养分吸收比例（%）					
	氮		磷		钾	
	春提前	越夏（延秋）	春提前	越夏（延秋）	春提前	越夏（延秋）
苗期（7～10 天）	9.0	10.5	12.0	12.3	8.8	12.6
开花坐果期（20～25 天）	17.3	20.3	10.2	16.4	16.9	20.1

（续）

生育期	各生育期养分吸收比例（%）					
	氮		磷		钾	
	春提前	越夏（延秋）	春提前	越夏（延秋）	春提前	越夏（延秋）
结果初期（30～35 天）	20.0	29.5	25.5	27.5	29.0	21.5
结果盛期（80～85 天）	40.5	35.7	34.5	33.3	35.1	36.5
结果末期（20～25 天）	13.2	4.0	7.8	10.5	10.2	9.3

根据吸收量和吸收比例等计算得出，塑料大棚辣椒春提前茬口生产推荐追肥方案与日光温室冬春茬基本一致，越夏（延秋）茬口与日光温室越冬茬追肥方案基本一致。另外，在叶面施肥管理方面同日光温室。

高温夏季管理。塑料大棚夏延后、越夏一大茬生产时，安全越夏是生产中管理的关键环节之一。夏季北方地区外界光照度在7 万～12 万勒克斯、光照度强，且白天外界气温较高，6—8 月平均气温多在 25 ℃以上，塑料大棚内气温经常高于辣椒适宜生长温度，达到 30 ℃以上，管理不好常造成落花落果、病毒病等问题的发生。为此在辣椒夏季生产时遮阳降温是主要的管理原则。塑料大棚常见遮阳降温的方法有以下几种。

① 遮阳网覆盖降温法（彩图 18）。2015 年，汪波等通过对塑料大棚内部垂直地面 2 米覆盖、大棚内部贴棚膜覆盖和外部贴棚膜覆盖 3 种覆盖方式的遮阳降温效果比较认为，采用外覆盖方式，遮阳率在 50%时（SW-8 黑色遮阳网），遮阳效果最佳，降温效果最好；同时，采用黑色遮阳网的降温遮光效果要优于银色遮阳网。晴天时，塑料大棚内温度高于 30 ℃时应覆盖遮阳网，避免高温危害、日灼问题发生等，当塑料大棚温度低于 25 ℃时及时将遮阳网揭除。

② 喷涂遮阳材料降温（彩图 19）。在塑料大棚棚膜表面喷涂

遮阳材料如利凉、利索等，通过在大棚棚膜表面形成一层白色反光涂层来达到遮阳降温的目的，该方式操作简单、安全，较耐风雨和紫外线辐射，且可根据作物对光照的需求通过兑水稀释而灵活掌握遮阳率，同时涂料可延缓覆盖材料老化，增加更多的散射光，可使棚膜使用时间延长，在遮阳降温的同时更利于植株生长。以利凉喷涂为例，一般每桶利凉（20 千克）可喷洒棚膜面积 400～1 600 米^2，每亩成本 200 元左右，降温 5～10 ℃。

③ 洒泥法降温（彩图 20）。该方法是采用黄泥浆撒施在棚膜表面进行遮阳降温。该方法操作简单，成本低，但可控性较差，且高大型棚室不易操作，另外，多雨地区不宜使用，下雨后尤其是遭遇大雨需要重新洒泥浆。

整枝打杈。为减少营养消耗，通风透气减少病害发生，应及时进行辣椒整枝打杈，门椒以下的侧枝及时打掉。植株生长旺盛时，可将行间走向的分枝及北侧的侧枝疏除，增加通风透光，减少病害发生。同时收取成熟辣椒的应及时打顶，促进果实营养供应，促其成熟。

植株固定：为防止长势比较旺盛的辣椒品种后期倒伏，生产中常采用竹竿搭架固定或吊绳固定等方式进行辣椒植株固定。搭架固定是每隔 5 米在垄上固定一根粗木棍，用尼龙绳拴在粗木棍上，依附在辣椒两侧，防止辣椒倒伏，对于小面积椒田可用竹竿、细木棍等搭架支撑（彩图 21）。

竹竿搭架固定
辣椒苗

吊绳固定（彩图 22，彩图 23），是每株植株采用 3～4 根吊绳（根据不同整枝方式确定），将吊绳固定在植株主干基部，然后随着植株生长采用绕蔓的方式，将植株茎秆固定防止倒伏，同时保持通风透光，减少病虫害发生。

（5）适时采收。辣椒为连续结果、多次采收，但应及时采收。对于小尖椒、线椒品种的采收应根据市场需求量和价格进行分类采收。用于鲜椒销售或酱用加工的，应在花凋谢 20～25 天，果实深绿色，质硬有光泽时采收，同时第一层、第二层果宜早采收，以免坠秧影响上层果实的发育和产量的形成；用于干制辣椒的品种，一般在充分"转色"后采收，即果皮由皱转平、色泽由浅转深并光滑发亮时采收。以红果作为鲜菜食用的，宜在果实八九成红熟后采收。采收工作宜在晴天早上进行。

十、南方地区保护地辣椒优质高效栽培技术要点

　　我国南方地区是指东部季风区的南部主要是秦岭—淮河一线以南的地区，西面为青藏高原，东面与南面临东海和南海，包括江苏大部分地区、安徽大部分地区、浙江、上海、湖北、湖南、江西、福建、云南大部分地区、贵州、四川东部、重庆、陕西南部、广西、广东、香港、澳门、海南、台湾、甘肃南部和河南的最南部。该地区主要以热带亚热带季风气候为主，夏季高温多雨，冬季气温在 0 ℃以上、温和少雨，为我国辣椒南菜北运的主要生产区。

　　我国南方地区主要以单栋塑料大棚和塑料中小拱棚为主，其中单栋塑料大棚的比例达到 57.2%，主要用于育苗、早春栽培及避雨防护。在华中地区也可用于秋延后栽培从而安全度过 1 月极端低温天气，通过塑料大棚及极端天气的应急增温，使该区域辣椒安全度过低温的冬季，生长周期延长至次年的 4~5 月。

　　由于受气候、光照率、降雨等的影响，南方地区保护地辣椒栽培与北方地区有所不同主要体现在以下方面。

　　(1) 茬口安排。在南菜北运区中，福建属于亚热带季风气候，利用塑料大棚、拱棚进行辣椒和灯笼形厚皮甜椒生产，云南利用拱棚生产圆锥形甜椒、黄皮羊角椒等。主要茬口为秋延茬口，8 月上中旬定植，10 月上旬采收，11 月下旬至 12 月上旬拉

秧，部分地区如武汉等通过多层覆盖等方式采收期可延长至次年1月，华中地区采用应急增温设备可将采收期延长至次年4月，广西地区通过调整播种定植期，可将采收期调整至1月中旬至5月底。

高山越夏避雨茬口：4月上中旬播种、5月下旬至6月上中旬定植，7月中下旬开始采收。

（2）品种选择。 根据南方地区气候特点及种植茬口安排，应选择低温弱光条件下坐果能力强、耐湿耐热、抗病性较好尤其抗病毒病能力强，商品率高、符合市场需求的早、中熟品种如辛香8号、辣丰3号、佳美2号、杭椒1号、新丰5号、中椒4号、中椒7号、皖椒101、皖椒18、皖椒20等。

① 杭椒1号。早熟，株高70厘米、开展度70厘米×80厘米，首花着生节位7～9节，果长12～14厘米，横径1.5厘米，淡绿色，辣味中等，品质优，果皮薄，单果重13～15克。

② 辛香8号。鲜食、加工兼用型中早熟线椒品种，始花节位10节左右，植株生长势强，株高56～67厘米，开展度68厘米×75厘米，青果嫩绿色，熟后红色，果长22厘米左右，果横径1.5～1.7厘米，果肉厚0.25厘米，抗CMV病毒病、TMV病毒病，抗疫病，中抗炭疽病，高抗青枯病。

定植后管理：温度管理、水肥管理可参照北方地区塑料大棚栽培技术要点管理。但南方地区高湿多雨，在管理上注意采用遮阳网遮阳降温尤其定植前期秧苗较小时，覆盖遮阳网防止地温太高，10月中旬前，大棚裙膜及南北膜可以揭除，促进通风降温，10月中旬后夜间覆盖以提高夜间气温，进入12月上旬后在塑料大棚内搭建中棚进行多层覆盖或采用浴霸等应急增温设备应对极端低温天气，使辣椒安全越冬，延长采收期。水肥管理参见北方地区塑料大棚辣椒优质高效栽培技术要点。

十一、辣椒病虫害防控

71. 辣椒常见病害有哪几大类？

辣椒病害分苗期病害和成株期病害。苗期病害有猝倒病、立枯病、灰霉病、病毒病；成株期病害主要有根腐病、疮痂病、软腐病、炭疽病、病毒病、疫病、叶斑病。依病害的种类，辣椒病害主要有病毒病、细菌性病害（如叶斑病、疮痂病、软腐病、青枯病），真菌病害（猝倒病、炭疽病、根腐病、立枯病等）。但分布广、危害重、影响大的病害主要有4种：病毒病、立枯病、根腐病、疫病。我国北方地区多为温带气候类型，一年四季分明。为提高产量和收益，辣椒在我国北方地区多为保护地反季节栽培，生长季节多在低温弱光、高温高湿等不良环境下，易发生炭疽病、疮痂病等病害，且随着辣椒保护地面积的逐年增加，辣椒栽培不便轮作，重茬严重，疫病、根腐病、青枯病等土传病害发生也呈上升趋势。

72. 辣椒常见病害南北方有什么区别？

我国南北方气候差异不同、辣椒种植品种、茬口、方式也存在较大差异，且不同病害发生条件要求不同，因此我国南北方辣椒病害发生也有所区别。南方地区地处热带和亚热带地区，由于冬季温度较高，很多病虫害都可安全越冬且无明显的越冬现象，加快了病虫害的繁殖及积累。且该区域辣椒一年四季均可种植，随着复种指数增加，为病虫害提供了充足的寄主。另外，南方地区的春季和夏秋雨水较多，长时间的阴雨绵绵、病虫害发生后不能及时喷药防治，为病虫害大面积的发生提供了有利的条件，造成了南方地区病虫害逐年严重。目前，南方辣椒常见的主要病害有疫病、青枯病、病毒病和炭疽病等。

73. 什么是真菌性病害？有哪些特点？

由真菌侵染引起的病害称为真菌性病害，辣椒真菌性病害种类较多，其中在辣椒叶片病害中80%以上的病害为真菌性病害，如炭疽病、白粉病、早疫病等。引起辣椒叶片真菌性病害的病原体主要有辣椒霜霉菌、子囊菌亚门核盘菌、半知菌亚门灰葡萄孢菌、辣椒炭疽菌、鞭毛菌亚门辣椒疫霉菌、辣椒丛刺盘孢菌等。

真菌性病害发生时会存在以下特点：一是真菌侵染部位在潮湿的条件下都有菌丝和孢子产生，会产生出白色棉絮状物、丝状物、不同颜色的粉状物、颗粒状物等；二是真菌性病害发生时，植株常表现出坏死、萎蔫、腐烂病状。

74. 辣椒常见真菌性病害有哪些？如何识别和防治？

真菌性病害是辣椒上常发或多发性病害，不论是露地种植，还是温室种植，辣椒都面临多种真菌性病害的威胁。我国辣椒生产中常见的病害有猝倒病、立枯病、疫病、早疫病、灰霉病、根腐病等。

（1）猝倒病。

发生时期。在播种至幼苗期发生，造成烂种、烂芽和死苗，以幼苗发病较多见。

病状。幼苗染病后，茎基部成水渍状软腐，暗绿色，以后病部缢缩，倒伏坏死，潮湿时在病部表面积附近土壤表面产生少量絮状霉层。

侵染病原。鞭毛菌亚门瓜果腐霉真菌。

发病规律。病菌以卵孢子在土壤中越冬，条件适宜时萌发产生孢子囊，孢子囊释放游动孢子或直接长出芽管侵染幼苗，病菌也可以菌丝体的形式在土壤中病残体上营腐生生活。在田间，低温高湿容易发病，病菌生长温度 10～30 ℃，土温 15～16 ℃病菌生长迅速，苗床土壤高湿、播种或分苗后浇水太多，或遇寒流侵袭、连续低温阴雨、降雪天气时易发生。

防治方法。(a) 农业防治包括育苗设备、棚室、基质的消毒等。(b) 药剂防治，一般是在子叶展平时，用 66.5％霜霉威（普力克）水剂 800 倍液或 98％噁霉灵可湿性粉剂 2 000 倍液或 72％霜脲·锰锌可湿性粉剂灌根。

(2) 立枯病。立枯病是辣椒的重要真菌性病害，分布较广，多零星发病，一般病株率达 5％～8％，轻度影响生产，严重时病株可达 30％～50％。

发病时期。此病多危害根茎部，刚出土的辣椒幼苗及大苗都可能发病，但多发生在育苗中后期。

病状。发病初期，根茎部一侧产生近椭圆形褐色坏死斑点，病苗白天萎蔫、夜间恢复，后病斑逐渐变成褐色大斑并凹陷，绕茎一周致茎基全部呈黄褐色病变坏死并迅速向上发展，病苗逐渐枯死、幼苗直立（可区别于猝倒病）。空气干燥时，病茎缢缩，幼苗随病害发展萎蔫死亡，该病在播种期侵染时也会造成烂籽、芽枯、致缺苗断垄。

病原。半知菌亚门立枯丝核菌。

发病规律和特点。病原菌以菌丝体或菌核残留在土壤和病残体中越冬，一般在土壤中能存活 2～3 年。菌丝能直接侵入寄主，也可以通过雨水、流水、农具和带菌农家肥等传播蔓延。病菌的生长适温为 17～18 ℃，地温 16～20 ℃时易于发病；播种过密，土壤忽干忽湿，间苗不及时或幼苗徒长，造成通风不了，湿度过高，容易诱发该病发生。

防治方法。（a）农业防治，需要对种子、育苗设备、棚室、基质土壤等进行消毒处理等。另外，在苗期管理时，注意合理放风，避免苗床或育苗盘高温高湿，并在苗期喷施 0.1%～0.2% 的磷酸二氢钾增加幼苗的抗病力。（b）药剂防治，在子叶展平前可采用 72.2% 霜霉威（普力克）水剂 600 倍液预防，发病初期可选用 40% 甲基硫菌灵悬浮乳剂 500 倍液，5% 井冈霉素水剂 1 500 倍液，15% 噁霉灵水剂 450 倍液进行防治，或 50% 异菌脲（扑海因）可湿性粉剂 1 000 倍液灌根，7～10 天一次，防治 1～2 次。如果苗床猝倒病、立枯病并发，可用 800 倍 66.5% 霜霉威（普力克）水剂和 50% 福美双可湿性粉剂的混合液喷淋，7～10 天 1 次，防治 2～3 次。

（3）疫病。疫病是辣椒毁灭性病害，俗称死秧、烂秧。我国南、北方均有发生，分布普遍，发病后常造成植株成片死亡，甚至全棚坏死绝收，造成的损失极其严重，且发病后防治困难。

发病时期。此病在辣椒各生育期都有发生，保护地栽培、露地栽培也都有发生，且随着复种指数的提高、轮作倒茬的困难，该病发生呈上升趋势。

病状。苗期发病，茎基部呈暗绿色水渍状软腐或猝倒，根茎随病害发展会腐烂，有的茎基部呈黑褐色，幼苗枯萎死亡，湿度高时病部表面产生少许白色霉状物。叶片染病，多从叶缘开始侵染，病斑较大，近圆形或不定形，初期水渍状，边缘黄绿至暗绿色，中央暗褐色，迅速扩展至病叶腐烂和枯死，并易掉落；果实染病多始于蒂部，初生暗色水渍状不定形斑，迅速变褐软腐，湿度高时表面长出白色霉层，即病菌的包囊梗及孢子囊，干燥则形成暗褐色僵果残留在枝上；茎和枝染病，病斑初为水渍状，后迅速环绕表皮扩展，形成褐色或黑褐色不规则条斑，病部以上枝叶迅速凋萎枯死，保护地内多表现为死苗或死秧型发病。首先侵染根茎或茎基部，病部变褐坏死并迅速向上发展至全株坏死。北方露地栽培以茎基部和植株分杈处变为黑褐色或黑色，被害茎木质化前染病，病部明显缢缩，造成地上部折倒，且主要危害成株，使植株急速凋萎死亡。

病原。鞭毛菌亚门辣椒疫霉真菌。

发病规律和特点。病菌主要以卵孢子、厚垣孢子随病残体在土壤内越冬，土中病残体是病害的主要初侵染源。条件适宜时越冬后的病菌经灌溉水或雨水飞溅到茎基部或近地面果实上，引起发病。病部产生孢子囊形成重复侵染，借雨水和浇水传播危害。病菌生长发育适宜温度 30 ℃，最高 38 ℃，最低 8 ℃，田间气温 25～30 ℃，相对湿度 85％时病害发展迅速，一般雨季或大雨后天气暴晴，气温急剧上升，病害易发生。保护地浇水后容易发病，重茬种植病害严重。通常土壤湿度 95％以上，持续 4～6 小时病菌即完成侵染，2～3 天即可完成一个侵染循环。此病发生周期短，传播速度快，易形成毁灭性损失。另外，土壤质地黏、积水地块或定植过密、通风透光不良时发病严重。

防治方法。（a）农业防治，在前茬收获后对棚室进行清洁，并采用高温闷棚或药剂等进行消毒。（b）药剂防治，定植时可采用药剂处理土壤，可用 45～75 千克硫酸铜拌适量细土，1/3 药土均匀撒施在定植沟或定植穴内，另 2/3 药土在定植后覆盖在植株根围地面（避免药土直接接触根系），也可用 70％噁霉灵可湿性粉剂 1～2 千克/亩拌药土处理土壤。或结合猝倒病、立枯病的防治在子叶展平后，用 66.5％霜霉威水剂 600 倍液或 98％噁霉灵可湿性粉剂 2 000 倍液灌根进行预防。田间发现病苗或病株时应随时拔除，拔除时用塑料袋兜住根部取出棚外进行无害化处理，同时用 66.5％霜霉威水剂或 72％霜脲•锰锌可湿性粉剂 500～600 倍液，或 98％噁霉灵可湿性粉剂 2 000 倍液对周边未发病植株进行灌根，每株 150～250 毫升，对全棚进行适当控水，并采用噁霉灵等药剂进行全棚的防控。

(4) 早疫病。 该病又称轮纹病，是辣椒的常见病害，分布较广，主要危害辣椒叶片。发病轻时对生产影响较小，发病严重后，对叶片光合作用影响较大，对产量造成较大损失。该病在四川、云南、新疆、广西、浙江、江西、河南、吉林等都有发生。

发病时期。在辣椒苗期和成株期都可能发生，但大多发生在辣椒的 3～5 叶期。

病状。该病主要危害辣椒叶片，在叶片上形成圆形或长圆形病斑，大小为 2～12 毫米，黑褐色，具有同心轮纹，空气潮湿时病斑上产生黑色霉层，即病菌的分生孢子梗或分生孢子。严重时整个叶片可布满病斑。

病原。半知菌亚门链格孢真菌。

发病规律和特点。病菌以菌丝体及分生孢子随病残体在田间或种子上越冬，第二年产生新的分生孢子，借助风、雨水、昆虫等传播，病菌从气孔或伤口侵入，也可以从表皮直接侵入，潜育期 3～4 天，发病部位产生大量的分生孢子进行再侵染。秧苗老化衰弱、过密、湿度过大、通风透光不良时，容易发生，定植过晚，土壤潮湿，透气不良等也会加重早疫病的发生蔓延。

防治方法。（a）农业防治，在前茬收获后对棚室进行清洁，并采用高温闷棚或药剂等进行消毒等。种子播种前要进行种子消毒。另外，在苗期多施磷、钾肥促进根系及茎秆健壮生长，增加抗病力也可以从一定程度上减少该病发生。（b）药剂防治，在发病初期，用 75％百菌清可湿性粉剂 600 倍液，或 50％异菌脲可湿性粉剂 1 000 倍液，上述药剂可交替使用，以免产生抗药性，降低防效，每隔 7～10 天喷 1 次，连续防控 2～3 次。

(5) 灰霉病。 该病也是辣椒常见普通病害，此病可危害 100 多种蔬菜，寄主广泛。目前，该病害在我国的东北、西北、华北、华中等地的春季保护地发生严重，在四川、云南、广西、海南等露地也有发生。

发病时期。主要在春季保护地内发生，南方露地偶有发生，通常病害较轻，引起零星烂果。

病状。灰霉病主要危害辣椒幼苗、叶片、茎秆、花器和果实。幼苗染病，子叶先端变黄，后扩展至幼茎，茎缢缩变细，自病部折倒枯死。叶片染病，多从叶尖或叶缘开始侵染，发病部位呈暗绿色至黄褐色坏死腐烂，出现灰色霉状物，严重时上部叶片全部烂掉。成株茎染病，初期为水渍状不规则病斑，后变成灰白色或褐色，病斑绕茎一周，其上部枝叶萎蔫枯死，病部表面生出灰白霉状物。枝条染病呈褐色或灰白色，肉眼可见灰霉，病枝向下蔓延至分权处；花器染病花瓣呈褐色，水渍状，上面布满灰色霉层。

病原。半知菌亚门灰葡萄孢真菌。

发病规律和特点。病菌以菌核残留在土壤中越冬，也可以以菌丝体和分生孢子在病残体上越冬。条件适宜时，菌核萌发产生菌丝和分生孢子，以分生孢子借气流和农事操作传播，经伤口或较衰弱的残花等侵入。发病后产生大量分生孢子进行重复侵染使病害迅速蔓延。病菌生长温度 2～31 ℃，适宜温度 20～23 ℃，棚室内相对湿度 90％以上，弱光条件下容易发生。多发生在 11 月底至 2 月上旬，高湿、弱光时期或雨水较多的时期。

防治方法。(a) 农业防治，对定植前的棚室、土壤进行表面消毒。生产中加强通风管理，上午尽量保持较高的温度，下午适当延长放风时间，加大放风量以降低棚内湿度。夜间要适当提高棚温，减少或避免叶面结露。发病初期将病枝、病果、病叶收集到密封袋内然后带出棚室进行烧毁或深埋。(b) 药剂防治，在外界环境不适宜通风时，可用 10％腐霉利烟雾剂，250～300 克/亩进行熏棚，每 7 天 1 次，连续预防 2～3 次。或用 5％百菌清

粉尘剂，每 9 天 1 次，连续喷施 3～4 次预防。发病后喷施 50%
异菌脲可湿性粉剂 1 000 倍液、50%腐霉利可湿性粉剂 1 500 倍
液、40%嘧霉胺（施佳乐）悬浮剂 1 200 倍液等进行防控，每
7～10 天喷施 1 次，连续喷施 2～3 次。

(6) 根腐病。 该病为辣椒常发病害，通常发病较强，对辣椒
生产影响相对较小，但连作、重茬严重地块发病率较高可达
30%，会对辣椒产量造成严重影响。

发病时期。该病多发生于定植后至采收盛期。

病状。发病初期，植株中午萎蔫，傍晚至次日清晨恢复，反
复多日后整株枯死。植株的根茎部及根部皮层呈淡褐色至深褐色
腐烂，极易剥离，露出暗色木质部，其变色部分一般局限于根及
根茎部，有别于枯萎病。有时幼苗也可发病，病苗根茎一下变褐
坏死，维管束组织变色，地上部逐渐萎蔫死亡。

病原。半知菌亚门腐皮镰孢霉真菌。

发病规律和特点。该病病原菌在土壤中以厚垣孢子、菌核或
菌丝体形式越冬，是次年的主要侵染源。病原菌通过雨水或灌溉
水进行传播和蔓延，施用未腐熟肥料，或地下害虫严重、黏土
地、雨后田间积水重，病害发生较重。

防治方法。（a）农业措施，定植前对棚室进行清洁消毒。定
植时因地制宜，适期早播，畦面平整防止积水。（b）药剂防治，
生产上可采用 50%氯溴异氰尿酸（消菌灵）可溶性粉剂 1 000 倍
液、20%二氯异氰尿酸（菜菌清）可溶性粉剂 300～400 倍液、
50%多硫悬浮剂 600 倍液、或 98%噁霉灵可湿性粉剂 2 500 倍液
灌根，每隔 10 天 1 次，连续灌 2～3 次。

(7) 炭疽病。 该病是辣椒生产中的一种常见病害，在我国的
东北、华北、华东、华南、西南等地区都有发生，主要在露地种
植时发生，一般病果率约 5%、病株率 20%～30%，严重时达到
50%，对辣椒产量、品质产生一定影响。

发病时期。多发生在定植后。

病状。该病既危害果实也危害叶片、果梗和茎秆，果实染病初期，果实表面出现水渍状黄褐色圆斑，边缘褐色，中央灰褐色，病斑表面有稍隆起的同心轮纹，小点有时为黑色，有时呈橙红色。潮湿时病斑表面溢出红色黏稠物，病果内部组织半软腐，易干缩呈膜状，有时破裂。叶片染病初期呈现褪绿水渍状斑点，后渐变为褐色，中间淡灰色，近圆形，后期轮生小点。果梗和茎秆被侵染，会产生不规则凹陷病斑，随病害发展在病部产生许多黑色小点，干燥时病部开裂。有时田间还出现与上述相似的病果，但构成轮纹的小点较大，色深，为果腐刺盘孢炭疽病菌所致。

病原。引起辣椒炭疽病的病原菌有 3 种，分别为胶孢炭疽菌、辣椒刺盘孢、围小丛壳菌，其中在我国常见的是胶孢炭疽菌、辣椒刺盘孢引起的炭疽病。胶孢炭疽菌主要危害辣椒叶片和果实，辣椒刺盘孢主要危害果实。

发病规律和特点。病菌主要以拟菌核随病残体在土表越冬，也可以以菌丝潜伏在种子内或以分生孢子附着在种皮表面越冬，成为次年的初侵染源。越冬病菌在适宜条件下产出分生孢子，借雨水或气流传播蔓延，病菌多从伤口侵入，发病后产生新的分生孢子进行重复侵染。病菌适宜发病温度为 12～33 ℃，最适 27℃，相对湿度达 95％以上时孢子才可萌发，在适宜温度条件下，相对湿度 87％～95％，病害潜育期 3 天；湿度低，潜育期长，相对湿度低于 54％不发病。高温、多雨易发病。排水不良，种植密度过大、施肥不当或氮肥过多、田间通风不好，都有利于此病的发生和发展。

防治方法。（a）农业防治，病害发生严重的地块可与瓜类、豆类蔬菜实行 2～3 年轮作。对于尚未发病地块，在播种前需对种子消毒预防。同时，对棚室表面和土壤进行消毒。另外，定植时采用小高畦（高垄）地膜覆盖栽培模式合理密植，可以有效降低病害发生。（b）药剂防治，可选用 40％多硫悬浮剂 400 倍液，或 25％咪鲜胺可湿性粉剂 800 倍液等进行防控，7～10 天喷施 1 次，连续防控 1～3 次。

(8) 褐斑病。该病在露地和设施栽培都有发生，通常病情较轻，对生产影响较小，严重时在一定程度上影响辣椒产量和品质，且该病在我国分布较广，发生较为普遍。

发病时期。主要发生在高温、高湿的季节。

病状。该病主要危害叶片，发病时在叶片上形成圆形病斑，初期为褐色，后逐渐变为灰褐色，表面稍隆起，周边边缘有一晕圈，病斑中央有一个浅色中心，周边边缘为黑褐色。发病严重时，病叶变黄脱落。该病也会侵染茎秆，病状与叶片相似。

病原。半知菌亚门辣椒尾孢霉真菌。

发病规律和特点。病害常始发于苗床，但多在大田生长期形成危害，田间高温高湿利于该病扩展蔓延。病菌既可在种子上越冬，也可以以菌丝块在病残体上或以菌丝在病叶上越冬，成为次年的初侵染源。

防治方法。(a) 农业防治，播种时对种子进行消毒，同时定植前要对棚室及土壤进行消毒，另外，定植时应采用高畦（垄）定植。(b) 药剂防治，发病初期进行药剂防治，可用 70％甲基硫菌灵可湿性粉剂 600 倍液，或 40％氟硅唑乳油防控，每 7～10 天防控 1 次，连续防控 1～3 次。

(9) 白粉病。该病在我国辣椒栽培主产区均有发生，以山东、河北、内蒙古、辽宁、海南等地危害较为严重。

发病时期。常年均可发生，保护地多发生在春季、露地种植从春末、夏、秋均可发生。

病状。白粉病主要危害辣椒叶片，严重时嫩茎和果实也能受害，发病初期叶面出现数量不等、形状不规则的较小褪绿斑（小黄点），以后逐渐扩展为边缘不明显的褪绿黄色病斑，随病害发展病部背面产生白色粉末状物，同时病部组织变褐坏死。严重时病斑密布，导致整叶变黄，条件适宜时，短期内白粉迅速增加，覆满整个叶部，叶片大量脱落形成光杆（彩图24）。

病原。辣椒拟粉孢菌和内丝白粉菌属的鞑靼内丝白粉菌。

发病规律和特点。该病病菌以闭囊壳随病叶在地表越冬，分生孢子在 15～25 ℃条件下经过 3 个月仍具有很高的萌发率，孢子萌发从寄主叶背气孔侵入。在田间主要靠气流蔓延传播。分生孢子形成和萌发的适宜温度为 15～30 ℃，侵入和发病适宜温度为 15～18 ℃。一般 25～28 ℃稍干燥条件下或干湿交替时易于发病。

防治方法。（a）农业防治，定植前要对棚室及土壤进行消毒。生长期加强保护地温湿度管理，防治棚室湿度过低和空气干燥。棚室内挂硫黄熏蒸器，定期熏蒸预防。（b）药剂防治，定植前每亩用硫黄粉 0.3～1 千克熏蒸灭菌预防，或 40%氟硅唑乳油 6 000 倍液均匀喷洒棚室内部表面进行灭菌防控。

(10) 叶枯病。该病又称灰斑病，分布较广、发生较普遍，露地和设施栽培均可发生，一般病株率 10%～30%，对生产影响较轻，但严重发病时，病株率可达 80%，会对生产造成严重影响。

发病时期。在辣椒苗期及成株期均可发生。在南方地区全年辗转传播侵害，中原地区 4 月上中旬，开始发生，6 月上旬出现中心病株，随着雨水越多，病害迅速发展。

症状。该病主要危害叶片，发生严重时叶柄和茎部也会受害。叶片受害，初期症状为散生的褐色小点，后迅速扩大为圆形或不规则形病斑，病斑具明显的暗褐色边缘，中央部分则为灰白色，大小差异较大。且在空气干燥时，病斑中央坏死处常脱落穿孔，后期病叶易脱落。病害一般由下部向上扩展，病斑越多，落叶越严重，严重时各病斑连成一片，造成整片叶卷曲焦枯脱落。

病原。半知菌亚门茄葡柄霉。

发病规律和特点。病菌以菌丝体或分生孢子丛随病残体遗落到土中或以分生孢子黏附在种子上越冬。以分生孢子进行初侵染和再侵染，借气流传播蔓延，病菌菌丝生长温度 4～38 ℃，最适温度 24 ℃，一般 6 月中、下旬为高发期。雨水较多、空气潮湿，病害发生严重，即造成严重落叶，病菌随风雨在田间传播为害；保护地温暖湿润、植株相对密闭，病害发生严重。施用未腐熟厩肥或在旧苗床育苗，气温回升后苗床不能及时通风。湿度太大，利于发病。田间管理不当、偏施氮肥、植株前期生长、植株前期生长控制被控制，植株前期生长过盛，或田间积水时易于发病。

防治方法。（a）农业防治可通过选用抗性品种和种子处理等来杀灭种子带菌、降低农作物用药量。同时在定植前对棚室进行清洁消毒。（b）化学防治，发病初期可选用甲基硫菌灵可湿性粉剂 500 倍液、58%甲霜灵·锰锌可湿性粉剂 500 倍液、1∶1∶200 波尔多液，隔 10～15 天喷 1 次，连喷 2～3 次，防治效果90%以上。

(11) 白星病。该病在我国黑龙江、吉林、湖北、西藏等地均有发生，分布广泛，但一般发病较轻，对生产无明显影响。

发病时期。多发生于高温高湿季节。

病状。该病主要危害叶片，苗期、成株期均可发病，病斑初为圆形或近圆形，边缘呈深褐色稍隆起小点，中央白色或灰白色，后期病斑上着生很多小黑点，田间湿度低时，病斑易破裂穿孔，发生严重时，常造成叶片干枯脱落。

病原。半知菌亚门辣椒叶点霉真菌。

发病规律和特点。叶片染病，从下部老熟叶片开始向上部叶片发展。病菌以分生孢子器随病残体遗留在土壤中或混杂在种子上越冬，次年条件适宜时形成初侵染，发病后产生分生孢子借风雨传播，高温、高湿易发病。

防治方法。（a）农业防治，播种前对种子进行消毒，定植前要对棚室及土壤进行消毒。（b）药剂防治，发病初期进行防控，可用40％氟硅唑乳油8 000倍液，或50％异菌脲可湿性粉剂1 000倍液进行常温药物施药防治，每7～10天防控1次，连续防控1～3次。

（12）菌核病。 辣椒生产中的一种重要病害，仅在北方地区老菜区保护地内发生。一般影响较小，严重发生时，病株率可达30％以上，会对辣椒产量和品质造成严重影响。

发病时期。在辣椒各生育期均可发生。其中，在辣椒保护地冬春生产易发生。

病状。苗期发病，茎基部刚开始出现水渍状浅褐色斑，然后病斑变成棕褐色，迅速绕茎一周，湿度大时长出白色棉絮状菌丝，或软腐，但不产生臭味，干燥后呈灰白色，病苗呈立枯状死亡。成年植株茎或分杈处易发病，发病茎呈灰白色，湿度大时，发病部位表面长有白色棉絮状菌丝体，然后茎部皮层霉烂，病茎表面或髓部形成黑色菌核，菌核如老鼠粪。干燥时，植株表皮破裂，纤维束外露如麻。叶片发病呈水渍状软腐，引起叶片脱落。果实发病时，果面先变成褐色，呈水渍状腐烂，然后逐渐向全果扩展，有的先从脐部开始向果蒂扩展直到整果腐烂，表面长出白色菌丝体。

病原。子囊菌亚门核盘菌真菌。

发病规律和特点。病原菌以菌核遗落在土中或混杂在种子中越夏或越冬，温度、湿度适宜时萌发，并借助气流传播到植株上形成初侵染，菌丝从伤口侵入。发病后通过接触形成再侵染。

防治方法。（a）农业防治，播种前对种子进行消毒，定植前要对棚室及土壤进行消毒。与禾本科作物实行3～5年轮作。及时深翻、覆盖地膜、防止菌核萌发出土。控制保护地温湿度，及时放风排湿，控制浇水量。（b）药剂防治，用25％多菌灵可湿性粉剂，或 40％菌核净可湿性粉剂，每平方米 10 克，拌细干土撒在土表，然后播种；也可选用 40％福尔马林（甲醛）每平方米用药 20～30 毫升加水 2.5～3.0 升，均匀喷洒于土面上，充分拌匀后堆置，用潮湿的草帘或薄膜覆盖，闷 2～3 天以充分杀灭病菌，然后揭开覆盖物，将土壤摊开，晾 15～20 天待药气散发后，再进行播种或定植。发病后喷洒 50％多菌灵可湿性粉剂 500 倍液、50％异菌脲可湿性粉剂 1 000 倍液，隔 10 天左右 1 次，连续防治 2～3 次。棚室也可选用 10％腐霉利（速克灵）烟剂或 45％百菌清烟剂，每亩 1 次用 200 克熏治，隔 10 天左右 1 次，连续防治 2～3 次。

（13）枯萎病。 该病是辣椒生产上常见的系统性病害。在我国陕西、甘肃、吉林、四川、湖南、北京、广西等地均有发生。发病率一般为 15％～30％，严重时可达 70％～80％。

发病时期。该病在辣椒的整个生育期均可发生，其中成株期发病最为严重。

病状。苗期染病，发病初期，植株叶片中午萎蔫似缺水，叶色暗沉、夜间恢复，持续 2～3 天，随病程延续，叶片半边或全叶变黄，植株萎蔫无法恢复，拔出后植株根颈部出现水渍状褐色病斑。成株期发病，发病初期，植株下部叶片萎蔫似缺水，随着病情逐渐向上蔓延，萎蔫程度不断加重，叶片枯萎褪绿，呈半边黄叶，并大量脱落，发病中期，根茎表皮呈褐色，剖开茎部，维管束变为褐色。有时病部只在茎的一侧发展，形成一纵向条状坏死区。后期发病严重时，全株叶片萎蔫、枯死，湿度大时，病部常发生白色霉状物，地下根系呈水渍状湿腐，皮层极易剥落，从茎基部纵剖，可见维管束变为褐色。

病原。尖孢镰刀菌。

发病规律和特点。病原菌从须根、根毛或伤口侵入，在寄主根茎维管束繁殖、蔓延，并产生有毒物质随输导组织扩散，毒化寄主细胞，或堵塞导管，致使叶片发黄。病原菌在种子内可存活

5年以上，病原菌以菌丝体或厚垣孢子形式随病残体在土壤中越冬，可营多年的腐生生活，从而成为次年的初侵染源。另外，菌丝体、厚垣孢子、孢子囊均能在土壤或未经充分腐熟的粪肥中越冬，可存活6～10年。病菌发育最适温度为25～30℃，土温28℃时易发病。

防治方法。(a) 农业防治，播种前对种子进行消毒，定植前要对棚室及土壤进行消毒。(b) 药剂防治，发病初期用50%多菌灵可湿性粉剂500～1 000倍液，或14%络酸铜水剂500倍液灌根，每株0.2升，每7～10天灌根1次，连续灌2～3次。或每亩用10亿个/克枯草芽孢杆菌可湿性粉剂200～300克灌根处理发病植株，或每亩用1千克哈茨木霉菌剂与米糠按1：12.5混合后在苗期定植时蘸根，或混合使用荧光假单孢、枯草芽孢杆菌、解淀粉芽孢杆菌与脱乙酰壳多糖能够较好地防治辣椒枯萎病。

75. 什么是细菌性病害？有哪些特点？

细菌性病害是指由细菌侵染所致的病害，如软腐病、溃疡病等。

细菌病病害多数通过自然孔口（气孔、皮孔等）以及伤口侵入，通过流水、雨水、昆虫等传播，病菌在病残体、种子、土壤中过冬，在高温、高湿条件下容易发病。细菌性病害发生时，植株常出现斑点、叶枯、青枯、溃疡、腐烂、畸形等症状。

76. 辣椒常见细菌性病害有哪些？如何识别和防治？

辣椒上常见的细菌性病害有辣椒疮痂病、细菌性叶斑病、软腐病等。在我国均有发生，常造成落花、落叶、落果，给生产造成较大的损失。

(1) 疮痂病。该病又名细菌斑点病、落叶瘟，在我国普遍发生，多发生在高温多雨季节，发病后植株大量落叶、落花和落果，病菌侵染果实，会导致果实丧失商品性。

发病时期。多发生在高温多雨的7～8月。

病状。该病主要危害叶片、果实和茎蔓等，叶片染病，初期出现许多圆形或不规则水渍状小斑点，墨绿色至黄褐色，有时出现不明显轮纹，病部具有不整齐疮痂状隆起，多个病斑可融合成较大斑点，引起落叶；果实染病，其表面出现圆形或长圆形病斑，稍隆起，墨绿色，后期木栓化。茎秆或果柄染病，病斑成不规则梭形条斑或斑块，后期木栓化，纵裂或呈疮痂状。

病原。黄单孢杆菌属细菌。

发病规律和特点。病菌在种子上越冬，带菌种子为初侵染源，病菌与寄主叶片接触从气孔侵入，在细胞间隙内繁殖，导致表皮组织增厚形成疮痂状，病痂上溢出菌脓借雨滴飞溅或昆虫传播蔓延。主要在多雨的露地发生，保护地发病较少和轻。

防治方法。（a）农业防治，在播种前对种子进行消毒处理。同时与非茄科、十字花科蔬菜实行2～3年轮作。整地做畦时，采用高畦（垄）栽培，避免雨季积水。（b）药剂防治，发病初期应及时进行药剂防治，可用77%氢氧化铜可湿性微粒粉剂400～500倍液喷防治，每7～10天1次，连续防治2～3次。

(2) 软腐病。该病是辣椒一种常见病害，分布广泛，其危害性仅次于辣椒炭疽病。

发病时期。在辣椒各个生育期均可发生。

病状。该病主要危害果实，多从害虫造成的伤口开始侵染，病果出生水渍状暗绿色斑，后变褐软腐，内部果弱腐烂后，果皮呈膜状，病果散发恶臭味，稍遇外力即脱落，幼苗染病亦多从伤口开始染病，呈水渍状软腐，最终使秧苗倒折死亡。

病原。胡萝卜软腐欧氏杆菌胡萝卜软腐病亚种细菌。

发病规律和特点。病菌随病残体在土壤中越冬，在田间通过灌溉水或雨水飞溅使病菌由虫蛀或人为造成的伤口或自然孔口传入，成为次年田间发病的初侵染源。染病后病菌又可通过烟青虫及风雨继续传播，导致病害流行。管理粗放、蛀果害虫猖獗的地块发病重。低洼潮湿地块，均能加重此病害的发生。

防治方法。（a）农业防治，在播种前对种子进行消毒处理。同时与非茄科、十字花科蔬菜实行 2 年以上轮作。加强田间水肥管理，适时浇水，尽可能保持空气湿度相对稳定。（b）药剂防治，用 77％氢氧化铜可湿性微粒粉剂 500 倍液，或 72％农用硫酸链霉素可溶性粉剂 4 000 倍液，或嘧啶核苷类抗菌素 1 000 倍液等防控。

(3) 细菌性叶斑病。该病是辣椒生产中的重要病害，部分地区发生，多在露地种植时发病，保护地发生较少，一般病情较轻，发病率 10％～30％，轻度影响生产，严重时病株可达 60％以上，对辣椒产量和品质造成较大影响。

发病时期。北方地区通常 6 月始发，7～8 月高温多雨季节迅速蔓延，9 月以后气温降低，该病扩展缓慢或停止。

病状。该病主要危害叶片，成株叶片发病，初期呈黄绿色不规则油渍状，后逐渐变成黄色小斑点，扩大后变为红褐色或深褐色至铁锈色；病斑膜质，大小不等，不规则。病健交界明显，边缘无隆起，区别于疮痂病。条件适宜时，该病扩展迅速，发病严重时植株叶片大量脱落。

病原。假单孢杆菌丁香假单孢杆菌适合致病型细菌。

发病规律和特点。病菌可在种子及病残体上越冬，在田间借风雨或灌溉水传播，主要从叶片伤口侵入。病菌发育适温 25～28 ℃，最高 35 ℃、最低 5 ℃。当温湿度适合时，田间病株大批出现并迅速蔓延。

防治办法。(a) 农业防治，在播种前对种子进行消毒处理。同时与非茄科、十字花科蔬菜实行 2～3 年轮作。采用高畦（垄）地膜栽培，雨后及时排水防止积水。(b) 药剂防治，发病初期及时进行药剂防治，可用 77％氢氧化铜可湿性粉剂 400～500 倍液，喷洒，每 7～10 天喷 1 次，连续防控 2～3 次。

77. 什么是辣椒病毒病？都有哪些病状？如何防治？

辣椒病毒病是由病毒引发的辣椒病害，是影响我国辣（甜）椒生产的主要病害之一，世界范围内分布广泛。该病发病较快，且发病较为频繁，发病率极高、一旦发病容易造成辣椒"三落"（落花、落果、落叶），且田间症状十分复杂，严重影响辣椒的产量和品质，产量损失可达 20％～70％，一定程度上制约了辣椒产业的发展。

造成辣椒病毒病的主要病原也多种多样，主要有黄瓜花叶病毒（CMV）、烟草花叶病毒（TMV）、马铃薯 Y 病毒（PVY）、烟草蚀纹病毒（TEV）、马铃薯 X 病毒（PVX）、苜蓿花叶病毒（AMV）、蚕豆萎蔫病毒（BBWV）。其中黄瓜花叶病毒、烟草花叶病毒、马铃薯 Y 病毒是主要病毒。黄瓜花叶病毒和烟草花叶病毒在我国流行较为广泛。

由于辣椒病毒种类较多（彩图 25，彩图 26），常呈几种病毒复合侵染现象，因此病毒病在田间症状表现复杂多样，其中常见症状有 4 种，分别是花叶型、黄化型、坏死型和畸形型（丛枝型）。

① 花叶型。叶片出现不规则褪绿、呈现淡绿色与浓绿相间的斑驳，严重时叶片边缘向上卷曲、畸形，同时会影响植株生长，导致结小果，且果实畸形皱缩。

② 畸形型。叶片变厚、变小或蕨叶，叶片皱缩，植株矮化，枝叶呈丛簇状，病果呈现深绿相间或黄与绿相间的花斑、果面凹

凸不平且易脱落。

③ 黄化型。叶片变黄，严重时上部叶片全部变黄，植株矮化，并伴随着明显的落叶。

④ 坏死型。植株顶端变褐坏死，在结果期果实上会出现红褐色或深褐色等不规则病斑，辣椒植株出现落叶、落花、落果现象，严重时植株枯死。

发病规律。辣椒病毒病因病毒种类不同传播途径也不同，但主要分为虫传和机械摩擦传播两类。其中虫传的病毒病主要有黄瓜花叶病毒、烟草花叶病毒、马铃薯 Y 病毒、苜蓿花叶病毒及蚕豆萎蔫病毒，田间发病与蚜虫的发生关系密切，特别是遇高温干旱天气，不仅可促进蚜虫传播，还会降低寄主的抗病性。烟草花叶病毒、马铃薯 X 病毒主要靠机械摩擦造成的伤口传播，通过整枝打杈等农事操作传染，通常高温干旱病害严重。另外，与茄科或瓜类蔬菜连作、肥力差的地块发病重。此外，品种间的抗病性不同，一般尖椒发病率较低，甜椒发病率较高。

防治方法。（a）选用抗病品种，生产上应选抗病毒病能力强的品种，且种子需用 10% 磷酸三钠浸种 20～30 分钟后洗净播种催芽；防控蚜虫，育苗棚及生产棚室做好防虫措施，在门口、风口覆盖防虫网，同时室内悬挂黄板、蓝板对蚜虫等传毒害虫进行监控，一旦发现及时防治，避免大面积传毒。定植前，对生产棚室进行清洁消毒。夏季种植时应采用遮阳网、甩泥巴、棚室喷涂遮阳降温材料或与高秆作物如玉米等间作等方式改善田间小气候。（b）药剂防治，苗期可喷洒 20% 病毒 A 可湿性粉剂 500 倍液，或 1.5% 植病灵乳剂 1 000 倍液，或 1% 抗毒剂 1 号水剂 200～300 倍液，每 10 天喷 1 次，连续喷施 3～4 次。

78. 辣椒病毒病与茶黄螨危害如何区分？

辣椒茶黄螨危害症状（彩图 27）与病毒病比较相似，常常导致误诊而错误用药。正确诊断，针对性用药才能及时防控病虫害，减少损失，以下介绍几方面茶黄螨和病毒病危害的不同，可作为诊断的依据。

一是发生季节不同，茶黄螨一年四季都可以发生，而辣椒病毒病在春、夏、秋季节发生，冬季少有发生。

二是叶片手感不同，辣椒病毒病发病叶片比较柔软一些，而茶黄螨危害的叶片较为僵硬。

三是叶背用放大镜观察结果不同，茶黄螨危害，从叶片背面有可能看到网状结构，用放大镜仔细观察叶片背面能发现茶黄螨成虫。

四是受害形态不完全相同，病毒病危害叶片，是逐渐发展的过程，或出现花叶、落花、落果等。而茶黄螨危害叶片是突然变小，以至于生长点突然皱缩到一起。

79. 什么是生理性病害？

生理性病害一般是由不适宜的自然环境条件对辣椒持续作用所引起的非侵染性病害。辣椒生长过程中受气候条件、营养、栽培管理等不良因素影响，产生的各种各样生理障碍，统称为生理性病害。该病在各辣椒种植区均可发生。辣椒生理性病害虽不具有传染性，但会危害产品的质量，造成产量损失，从而影响种植户的收入。

80. 辣椒生理性病害有哪些？如何防治？

辣椒生理性病害多种多样，根据发生部位可简单区分为植株生理性病害和果实生理性病害。植株生理性病害有生理性卷叶、沤根、低温冷害和冻害、高温障碍、缺素症、落花落果等；果实生理性病害有日灼病、脐腐病、畸形果、裂果、日灼病等。

(1) 生理性卷叶。主要症状。卷叶发生时，病害较轻时，叶片两侧微微上卷或下卷，发病严重时，叶片卷成筒状。

引发原因。一是缺水，土壤干旱、供水不足时容易引发生理性卷叶。二是高温、强光，夏季容易发生，高温下，植株失水加快，容易发生卷叶，如此时供水又不足，则卷叶将更为严重，另外夏季强光下，往往使叶片的表面温度上升过快、过高，失水加速从而发生卷叶。三是叶面肥害、药害，叶面喷洒农药、叶面肥的浓度过高或高温期中午前后喷洒农药、叶面肥，容易引起卷叶。四是果叶比例失调，植株留果多，叶面积不足时，叶片容易因营养被大量用于果实生长，而自身营养不良发生卷曲。通常打顶过早或打顶时留叶不足情况下，辣椒容易发生卷叶。五是肥水供应不足，特别是坐果激素处理后，果实的生长势增强，从叶片争夺大量营养，如果不加强肥水管理，保证叶片的肥水供应，容易引起叶片过早衰老而发生卷曲。六是病虫危害，如叶片在受到红蜘蛛、蚜虫、白粉虱危害较为严重时，容易引起叶片卷曲。

防治措施。在确定引起卷叶的具体原因后采取针对性的管理措施进行防治。具体防治措施有：（a）选用抗性品种，一般叶小而厚的品种比较抗卷叶、叶大而薄的品种不抗卷叶。（b）注意遮阳降温，夏季高温强光时，在中午采用遮阳网等形式进行遮阳降温，控制温度不超过 35 ℃；且合理密植，适时丰垄，避免强光照射地面。（c）采用地膜覆盖栽培，提升植株长势、提高水肥利用率。（d）进行农药、叶面肥施用时，控制好浓度和施用时间，按照要求合理安全施药、肥，且在上午或傍晚进行。（e）加强肥水管理，防止脱水、脱肥。（f）及时进行病虫防控。

(2) 沤根。主要症状。沤根是辣椒苗期病害之一，多发生在育苗期和定植期。沤根发生时，根部不发新根或不定根，幼根表面开始呈锈褐色，后逐渐腐烂。地上部生长受抑制，致叶片变黄，不生新叶，中午前后萎蔫，甚至叶缘枯焦或成片干枯，幼苗容易拔起（彩图28，彩图29）。

引发原因。通常是由于根系温度偏低（低于12 ℃）、过高或浇水量过大，导致根系生理机能被破坏，造成缺氧，形成沤根。

防治措施。确定引发沤根的具体原因，然后针对性改善管理。在育苗时，尤其是冬季育苗，可采用地热线铺设等方式提升根系温度，避免沤根问题产生。

（3）低温冷害和冻害。 引发原因及主要症状。播种期不适宜或反季节栽培时，气温过低或遇有寒流及寒潮侵袭，8 ℃根部停止生长，18 ℃根的生理机能下降。辣椒在生长过程中遇较低温度，出现叶绿素减少，病株生长缓慢，叶尖、叶缘出现水渍状斑块，抵抗力减弱，很容易诱导低温病害发生或产生花青素，有的导致落花、落叶和落果。而遇有冰点以下的低温即发生冻害。在育苗期，幼苗的生长点或子叶以上的3～4片真叶受冻，叶片萎垂或枯死，未出土的幼苗全部冻死；植株生育后期受冻后，温度回升至冰点以上，果实呈水渍状、软化、果皮失水皱缩，果面出现凹陷斑，持续一段时间造成腐烂。

防治措施。（a）选用早熟、耐低温品种。（b）适时播种、育苗，并做好苗期应急防范措施。（c）加强苗期水肥管理，均衡科学施肥，不偏施氮肥，提升幼苗抗寒能力，培育壮苗。（d）采用多层覆盖技术、提升苗棚或生产棚的保温性能、提升地温，使地温稳定在13 ℃以上。（e）辣椒生长点或3～4片真叶受冻害时，可剪掉受冻部分，然后提高地温，加强管理，植株可从节间长出新的枝干。（f）生产中遇极端低温天气时，要及时增加覆盖物或应急增温，尽量提升棚室内气温和地温，保障植株的正常生长。

（4）日灼病。 该病又称日烧病，主要发生在果实的向阳面上，尤其是朝西南方向的果面上，是由于强烈阳光直射灼伤表皮细胞，引起水分代谢失调所致。多在夏季发生，轻时零星发病，严重时病果可达 30%，甚至更高。

主要症状。幼果和成熟果均可受害。果实向阳面被太阳照射灼伤，初期果面开始出现近圆形的褪绿或灰白色韧性斑，凹陷，病健交界明显，后期病斑表皮失水变薄，细胞坏死而发硬，似开水烫伤。病部易受病菌感染，在潮湿的条件下，生长出褐色或粉色霉层，甚至腐烂。

引发原因。主要是因为叶片遮阴不好，或植株株冠小，果实裸露受强烈阳光直射，且天气燥热，引起果皮温度上升，水分大量蒸发使果面局部温度升高而烧伤。通常果实的向阳面和背阴面温差越大，发病越重。春季栽培中，果实膨大和采收旺季正值盛夏和初秋，如土壤缺水、叶片遮阴不好、天气持续干热，或雨、露、雾天后暴晴、暴热，易引发此病。定植密度低、缺水缺肥、植株生长不良、病虫造成缺株，或致植株早期落叶，则发病较重。另外，甜椒较尖椒发病重。

防治措施。根据品种特性合理密植；合理安排定植时间，做到大量结果前完成封垄；在炎热高温的夏季生产棚室通过遮阳网、喷涂遮阳降温材料、甩泥或与高秆遮阴作物间作等方式遮阳降温；增施磷、钾肥，促使果实发育，开花结果期及时均匀浇水，保持地面湿润，做好病虫害防控避免植株早期落叶；植株整枝打杈时不宜过量，保持适当的叶面积。

（5）脐腐病。该病又称顶腐病或蒂腐病，主要危害果实，各地常有发生，设施和露地种植都可发病，轻时零星果实染病，严重时病果达 10%以上，直接影响产量和品质。

主要症状。脐腐病多在幼果或青果期发生，发病初期，果实顶端（脐部）形成水渍状暗绿色或浅褐色病斑，逐渐变成暗褐色皮革状，并迅速扩大、继而组织皱缩、凹陷，严重时病斑可扩展至半个果面，病果往往果形不正，果实健部提早变色成熟，在潮湿条件下，病部表面易被腐生菌寄生而形成黑色或红色霉状物。

引发原因。该病主要是由于土壤水分供应失调或生理缺钙所致，植株在发病前，水分供应充足，生长旺盛，骤然缺水，原来供给果实的水分被快速转移到叶片，导致果实突然大量失水，引起果实脐部组织坏死。另外，在辣（甜）椒生长发育中缺钙，影响对硝态氮吸收，有机酸不断积累，使草酸钙形成过多，不能被钙中和而引起果脐周围细胞生理紊乱，最后坏死、脐腐。高温干旱、多雨后骤晴或植株土壤缺水，土壤氮素过量、盐碱过重、植株根系受伤等，均可能引发此病，经测定若含钙量在 0.2% 以下易发病。另外，不同辣（甜）椒品种发病程度差异明显。

防治措施。选用相对较抗病或耐病品种；采用地膜覆盖，保持土壤水分相对稳定，同时又减少土壤中钙的流失；移栽定植时尽量避免伤根，前期尽可能促进根系发育，增强植株吸水能力；加强水肥管理，多施腐熟的农家肥，增强土壤蓄水能力。合理施用氮肥，防止植株徒长，提高抗病、耐病能力；结果期适时、适量浇水，保持土壤湿润均衡供水，防止钙素淋溶；根据植株长势及土壤墒情，适当整枝疏叶；辣椒进入结果期后，喷施 1% 过磷酸钙溶液或 0.1% 氯化钙溶液进行叶面施肥，每 7 天喷施 1 次，连续喷施 2~3 次，可防治或减少脐腐病的发生。

(6) 畸形果。 畸形果是辣（甜）椒生产中的一个重要生理病害，各地都有发生，轻时零星果实畸形，经济损失不明显，严重时畸形果达 50% 以上，对辣（甜）椒产量和品质造成较大影响。

主要症状。辣（甜）椒生产过程中，果实畸形膨胀，心室增多，自脐部开裂不规则向外膨大，形成无胎座多瓣异形开花果、裂瓣果，或在脐部产生角状突起。

引发原因。畸形果发生的原因较多，一是受精不完全。在辣（甜）椒花叶分化期温度过低（低于 13℃）或过高（较长时间高于 30 ℃），导致花器官分化不完全或花粉的发芽率降低，导致不能正常进行受精，出现单性结实，果实不能正常生长和发育，形成畸形果。二是肥水不足，果实得到的养分少或不均匀，容易出现畸形果。三是当根系发育不好，或者受到伤害时，辣椒地上部和地下部的平衡被破坏，容易出现先端细小的尖形果。

防治措施。苗期管理时，尤其是 3、4 片真叶花芽开始分化后，做好苗期温度管理，保持辣（甜）椒花芽发育适宜的温度，促进辣（甜）椒花芽分化正常进行；保证肥水正常供应，保护和促进根系生长；定期喷用叶肥，及时补充营养，确保植株健壮生长，减少畸形果发生。在育苗时提倡集约化快速育苗技术，减少不良气候对花芽分化的影响，夏秋育苗注意降温增湿。

（7）辣椒"三落"。"三落"是指辣椒生长期间发生的落花、落果、落叶现象。

引发原因。引起辣（甜）椒"三落"的直接原因是在花柄、果柄、叶柄的基部组织形成了离层，与着生组织自然分离脱落，不是机械或人为地损伤。辣椒"三落"在每茬的栽培上都有发生，只是程度不同而已，原因既有生理的原因，也有病理方面的原因，主要分为以下几个方面。一是温度过高或过低，气温在 35 ℃及以上，或者在 15 ℃及以下，地温 30 ℃以上根系受到损伤，造成花粉发育不良，致使不能正常受精而导致落花落果。二是水分过多或过于干旱。水分过多时，因为土壤缺氧导致根系生命力下降或者受到损伤，吸收功能减退，或土壤长期缺水干旱，都会造成植株水分供应不协调而引起落花、落果或落叶。三是光照不足。长期的低温阴雨雾天，或者种植密度过大，株行距不合理，造成光照不足，田间郁蔽，植株生长弱，也会出现落花、落果现象。四是空气湿度过大。在空气湿度过大时，花粉吸水膨胀，不能从花药中散出，影响授粉受精，造成落花、落果。五是偏施氮肥过多。在偏施氮肥过多时,植株发生徒长,营养生长过旺,引起坐果不良,发生落花、落果。六是病虫危害。辣椒炭疽病、疮痂病、白星病以及棉铃虫、烟青虫等危害,都有可能引起大量落叶、落花和落果。冬春季生产,温度太低,尤其气温低于15 ℃,地温低于 5 ℃时,根系停止生长,不利于授粉受精,地上部就容易产生"三落"现象。春夏生产中室温超过 35 ℃,地温超过 30 ℃,高温干旱,授粉受精不良,根系发育不好,也容易落花落果。缺乏肥料或者施用未腐熟的有机肥,造成烧根,根系功能受损伤,养分不足,易发生"三落"。

防治措施。一是选用抗逆性(耐高温、低温、耐寒、抗病等)强的优良品种。二是合理密植,露地栽培时根据品种特性做好株行距的配置,合理密植,保持田间有良好的通风透光条件。三是科学水肥管理,根据辣椒生育动态及需肥规律,科学合理的水肥管理,保持水分供应均衡,防止忽干忽湿,保持植株营养生长、生殖生长均衡。四是及时防治病虫害,严防病虫害造成的落花、落果和落叶。

(8) 辣椒的高温障碍。由于持续高温、造成叶片表皮细胞被灼伤,致使茎叶损伤的现象。

引发原因和症状。棚室辣椒栽培时,当白天气温超过 35 ℃或者 40 ℃高温持续 4 小时以上时,夜间气温在 20 ℃以上,空气干燥或土壤缺水,未放风或放风不及时,就会造成叶片表皮细胞被灼伤,致使茎叶损伤的现象。在此情况下,叶片出现黄色至黄褐色不规则病斑,叶缘开始呈现漂白色,后变为黄色。轻者叶缘受伤,重者波及半个叶片或整个叶片,形成永久性萎蔫或干枯。果实受害往往出现日灼伤果。夏季,植株没有封垄,叶片遮盖不好,干旱缺水又遭遇太阳曝晒,也会出现高温障碍。

防治措施。一是选用耐热品种。二是棚室栽培,加强通风、注意浇水、遮阴和放风降温,使叶面温度下降。三是露地栽培要实行合理密植,部分品种采用双株合理密植。密植不仅可遮阴,还可降低土温，以免产生高温危害。四是可采用与玉米等高秆作物间作，利用遮阴降低温度。

(9) 缺素症。缺素症是由于土壤养分不足或水肥管理不合理等导致的植株表现出某种元素缺乏的症状，生产中时有发生。常见的缺素症有缺氮、缺磷、缺钾、缺镁、缺锌、缺钙、缺硼、缺铁等。目前，在我国辣椒生产中，缺素症主要表现为中微量元素缺乏，已成为生产中的主要限制因子。

① 缺氮症状。植株发育不良，叶片黄化，黄化从叶脉间扩展到全叶，整个植株较矮小。生长初期缺氮，基本上停止生长，严重时会出现落花、落果，根系最初比正常色白而细长，呈现褐色、茎细、多木质、分枝稍。缺氮的症状通常从老叶开始，逐渐扩展到上部幼叶。

引发原因及防治措施：缺氮主要是由于前茬施用有机肥或氮肥不足，土壤中含氮量低、氮素淋溶多造成缺氮。发现植株缺氮后，可补施堆肥或充分腐熟的有机肥，采用配方施肥技术，在根部随水追施硝酸铵、尿素或碳酸氢铵等，特别是在低温季节，追施硝酸铵比追施尿素和碳酸氢铵肥效发挥得更快。

② 缺磷症状。辣椒在苗期缺磷时，植株矮小、叶色深绿，由下而上落叶，叶尖变黑枯死，生长停滞、早期缺磷一般很少表现症状。成株期缺磷时，植株矮小，叶背多呈紫红色，茎细，直立，分枝少，延迟结果和成熟。

引发原因和防治措施。在苗期遭遇低温或土壤 pH 较低、偏酸、土质紧实、黏质土壤易表现缺磷症。苗期和定植期注意增施磷肥，保持含磷量在 1 000～1 500 毫克，另外可采用叶面追肥的方式，叶面喷施 0.2%～0.3%磷酸二氢钾或 0.5%～1%磷酸钙水溶液。

③ 缺钾症状。花期显症，植株生长缓慢，叶缘变黄，叶片易脱落，进入成株期缺钾时，下部叶片叶尖开始发黄，后沿叶缘

或叶脉间形成黄色麻点，叶缘逐渐干枯，向内扩至全叶呈灼烧状或坏死状；叶片从老叶向心叶或从叶尖端向叶柄发展，植株易失水，造成枯萎，果实小、易落，减产明显。

引发原因和防治措施。造成缺钾的主要原因有，土壤中钾含量不足或施入量不足；日照不足，地温低时辣椒对钾吸收减弱，容易缺钾。在生产中应施用足够的钾肥，特别是在生长发育的中、后期不能缺钾；施用充足的堆肥等有机质肥料。如果出现缺钾症状，可每亩施用硫酸钾 15～20 千克。另外，可叶面喷施 0.2%～0.3%的磷酸二氢钾溶液，每周喷 2～3 次。

④ 缺钙症状。植株矮小，顶叶黄化而下部叶保持绿色，叶片上出现黄白色圆形小斑，边缘褐色、叶片从上向下脱落，后全株呈光秆，生长点及其附近枯死或停止生长，果实小易产生脐腐果。

引发原因和防治措施。造成缺钙的主要原因有施用氮肥、钾肥过量，使钙吸收和利用受到阻碍；或土壤干燥、土壤溶液浓度高，阻碍了植株对钙的吸收；空气湿度小，蒸发快，补水不及时以及缺钙的酸性土壤也容易发生缺钙现象。根据造成缺钙的确切原因，针对性地采取措施进行防治，另外可采用叶面施肥的方式，喷施 1%过磷酸钙水溶液，每隔 3～4 天喷施 1 次，连续喷施 3～4 次。

⑤ 缺镁症状。先发生于下部衰老叶片。叶片沿着主脉两侧开始黄化，逐渐扩展至全叶，但是主脉和侧脉保持绿色。缺镁严重时，整个叶片组织全部变黄，然后变褐直至最终坏死。大多发生在生育后期，尤其以种子形成后多见。

引发原因和防治措施。土壤含镁量低，在碱性土壤上，极易出现缺镁现象。在施用氮、钾肥过多时，由于离子的拮抗作用，也会阻止辣椒对镁的吸收。另外，土壤干旱缺水，有机肥不足，都会引起缺镁症状。在生产中发现缺镁后，可每亩施用硫酸镁等镁肥 10～20 千克；控制氮、钾肥用量，采用少量多次的施肥方式，防止过量的氮肥和钾肥对镁吸收的影响。

⑥ 缺锌症状。辣椒缺锌顶端生长迟缓，发生顶枯，植株矮，顶部小叶丛生，叶畸形细小，出现小叶病，叶片卷曲或皱缩，有褐变条斑，几天之内叶片枯黄或脱落，叶片上出现随机分布的紫色斑点。

引发原因和防治措施。光照过强易发生缺锌；若吸收磷过多，植株即使吸收了锌，也表现缺锌症状；土壤 pH 高，即使土壤中有足够的锌，但其不溶解，也不能被植株所吸收利用，表现出缺锌症状。生产中应合理、科学施肥，不要过量施入磷肥；发现缺锌症状时，查明具体原因，如因施入量不足导致缺锌，可采用随水追施的办法每亩补施硫酸锌 1.5 千克。

⑦ 缺铁症状。缺铁先发生于新叶，新叶除叶脉外都变成淡绿色，在腋芽上也长出叶脉间淡绿色的叶。缺铁在整个生育期均可发生。

引发原因及防治措施。土壤含磷多、pH 很高时易发生缺铁。由于磷肥用量太多，影响了铁的吸收，也容易发生缺铁。当土壤过干、过湿、低温时，根的活力受到影响也会发生缺铁。铜、锰太多时容易与铁产生拮抗作用，易出现缺铁症状。生产中发现植株缺铁时，应及时诊断造成缺铁的具体原因，及时进行纠正。另外，当土壤、基质 pH 达到 6.5～6.7 时，应禁止使用碱性肥料而改用生理酸性肥料。当土壤中磷过多时可采用深耕等方法降低含量，促进铁的吸收。

⑧ 缺锰症状。从新叶开始出现症状，逐渐向较大叶片扩张。新叶呈浅绿色具有棕色小斑点，叶脉仍为绿色。成熟叶片出现黄色不规则小斑点，随后转变为棕色。

引发原因及防治措施。土壤偏碱、pH 偏高，土壤有机质偏高，地下水位浅；沙质、易淋溶土壤，容易发生缺锰。此外，低温、弱光条件下也能抵制辣椒对锰的吸收，造成缺锰。生产中，辣椒缺锰时，可结合有机肥施用，每亩施硫酸锰 0.5～1 千克，定植后可用2%硫酸锰溶液进行叶面喷施。

⑨ 缺硼症状。主要表现在植株的上部,顶芽停止生长,叶片黄绿、扭曲、肥厚、皱缩,落花、花而不实。植株发育受阻,根系不发达,最后逐渐枯萎死亡。

引发原因和防治措施。根据全国土壤普查数据,我国大部分地区土壤硼含量不足,且辣椒的连年种植,使土壤中硼素的有效含量低;土壤酸化,硼素被淋失,或过多施用石灰;土壤过干、过湿,有机肥施用不足均容易造成缺硼现象发生。此外,钾肥施用过量也会造成缺硼。在生产上要合理轮作,可与葱蒜类、豆类、叶菜类、根菜类等蔬菜进行轮作;注意平衡施肥,定植前基施有机肥,合理施用氮磷钾肥,合理灌溉,避免过干、过湿;发现缺硼时,可叶面喷施硼元素叶面肥,每5~7天喷施1次,连续喷施2~3次。

(10) 寒害。寒害是辣椒的生理病害,主要在北方保护地内发生,通常对生产影响较小。

引发原因和症状。主要由于温度长时间低于辣椒的正常生长发育温度,严重影响植株叶绿素的形成,红色色素形成与转运也受到障碍甚至导致植株细胞死亡。主要发生在辣椒生产前期。幼苗受寒害,子叶向上翘,真叶颜色深绿,叶缘下卷。成株受害,老叶颜色暗绿,失去光泽,嫩叶叶缘或叶脉间褪绿变白后逐渐干枯坏死。果实受害,红果不能正常转红,而从果柄向下褪绿变黄,最后变白甚至坏死。

防治措施。加强棚室保温,遇到极端天气或长时间倒春寒时,可采用临时加温设备或覆盖二层膜等方式进行增温、保温;在寒冷季节生产时,保护地内外温差较大时,通风换气应由小到大,循序渐进,防止寒风突然侵入。

(11) 冻害。冻害是辣椒的一种生理病害,主要在早春发生,保护地、露地均可受害,严重时对生产会造成较大影响。

引发原因和症状。冻害多因在寒冷季节通风不当,或棚膜破裂，导致寒冷空气侵入棚内或早春露地种植突遇霜冻，极端低温使幼苗或植株细胞组织结冰，消冻后崩溃解体，导致叶片组织坏死腐烂。幼苗受冻，多表现为幼嫩叶片和生长点受冻，病部呈水渍状暗绿色软腐，以后腐烂。大苗和成株受冻也多是嫩叶和嫩茎受害，叶缘和幼叶呈水渍状坏死腐烂。

防治措施。在早春和越冬生产时，外界气温较低时，进行通风换气，应注意看守，防止寒风把风口刮开；棚膜有破损时及时进行修补。露地种植时应关注天气预报，在霜冻前喷洒碧护（赤霉酸＋吲哚乙酸＋芸薹素）、海岛素等提升植株自身抗性，减缓冻害。

(12) 肥害。肥害为非侵染性伤害，主要由于施肥不当引起。

引发原因和症状。该病是由于在施肥时，肥料一次性施入量太大，导致土壤中肥料溶液浓度太高，与植株根系形成逆向渗透压，严重影响根系的正常吸收能力，或由于根系较小，肥料溶液中有机酸含量较高使根系生理机能不能正常发挥，甚至使根系受害，最后完全丧失吸收水肥的能力而表现地上部受害。肥害的症状因施肥种类不同差异较大，多表现为植株生长点和嫩叶普遍受害，轻者幼嫩心叶黄化皱缩，植株不向上生长。重者心叶变褐坏死，幼嫩叶片皱缩畸形，植株整体矮化。

防治措施。在基肥施用时，根据产量目标及推荐用量施用，且要施用充分腐熟的有机肥，同时保持根系不直接接触肥料；施肥量较大时，应及时浇水，使土壤保持适宜根系吸收的溶液浓度；发生肥害后，尽快浇清水冲淡土壤肥料浓度，适当增加中耕次数并加强田间管理，必要时可叶面喷洒清水或辅以根外追肥，促进植株正常生长，减轻危害程度。

(13) 药害。随着抗性有害生物的增加、生产者药剂防控安全意识淡化，近年来生产中药害问题时有发生。药害是由施药不当引发的一系列生理病害和组织病变。

引发原因和症状。药害是由于在进行病虫害防治时农药选用不当、频繁高浓度施药、多种农药混合施用或周边作物施用辣椒敏感农药飘移引发的，药剂微粒直接堵塞叶表气孔、水孔，使植物的光合作用、蒸腾作用和呼吸作用受阻，或者是由于施药浓度过大，导致药液与细胞液间渗透压失衡、组织失水。主要症状为叶片上出现各色枯斑、边缘枯焦、组织穿孔皱缩卷曲、增厚僵硬，提早脱落。在受周边作物除草剂危害时，主要表现为生长点轻度萎蔫，生长缓慢，新生叶片干硬、墨绿、柳叶形，窄小，有细密的条状纵向突起褶皱，秧苗下部正常叶片的腋芽叶片簇生（药害导致腋芽生长状态发生改变）。

防治措施。在进行病虫害防控时应正确识别病害，选购适用农药。施药时按照药剂说明或在专业人员指导下施用，同时施药应选在傍晚或早晨进行，不宜在高温时期施药。发现喷错农药或者浓度过高时，应及时用清水冲洗 2～3 次，对于已经表现出药害症状的辣椒，要及时采取补救措施。如除草剂危害的可喷施10～20 毫克/升的赤霉素进行解毒，并可叶面喷施叶面肥增加植株营养，快速缓解药害。种苗、幼芽受害较轻时，应及时中耕松土，增施氮肥，促进幼苗生长；受害较重时，要及时浇水，追施氮肥，同时增施磷钾肥，中耕松土，促进根系发育，增强抗病能力。

81. 辣椒常见虫害有哪些？如何防治？

在我国辣椒生产中，常发生的虫害主要有蚜虫、白粉虱、烟粉虱、斑潜蝇、蓟马（彩图 30），还有烟青虫、棉铃虫、茶黄螨、斜纹夜蛾、红蜘蛛、根结线虫等。

① 蚜虫。危害辣椒的蚜虫多为绿色和赤色桃蚜，刺吸心叶或叶背汁液。造成叶片蜷缩变形，有翅蚜飞行灵活可传播病毒。蚜虫多发生于高温干旱时期，北方地区多发生于定植初期及生产后期，南方地区多发生在 11 月至次年 3 月。防治措施：及时清

除田间及周边杂草及十字花科蔬菜病残体，减少虫源；利用银灰色塑料地膜覆盖栽培，驱避蚜虫；利用蚜虫的趋黄特性，采用悬挂黄板方式进行诱杀；采用药剂防治时，应在蚜虫初发期选用兼有触杀、内吸、熏蒸三重作用的农药，如50%抗蚜威可湿性粉剂1 500～2 000倍液等，交替喷施，每隔7～10天1次，连续防控2～3次。

②烟青虫。又名烟草夜蛾，是一种世界性的烟草害虫，主要以幼虫蛀食辣椒果实为害。在我国北方地区一年可发生3～4代，南方地区可发生4～5代。北方地区主要在5～9月，南方地区在4月下旬至5月，11～12月为害较重。可在生产结束或定植前采用清洁田园、深翻灭蛹的方式控制虫源数量；通过性引诱剂、黑光灯诱杀成虫等方式干扰交配，控制虫量；也可通过在虫卵孵化高峰期，用BT乳剂500倍液每隔3天喷药1次，防治虫卵；在初龄幼虫蛀果前，用5%啶虫隆乳剂1 000倍液，进行药剂防控；另外，还可以通过澳洲赤眼蜂寄生虫卵、有齿唇姬蜂、螟蛉悬茧姬蜂寄生幼虫等方式进行生物防控；也可以通过核型多角体病毒NPV、质型多角体病毒CPV等侵染幼虫防控。

③斜纹夜蛾。属于昆虫纲鳞翅目夜蛾科，又名莲纹夜蛾，俗称夜盗虫。主要以1～4龄幼虫食用辣椒叶片、4龄之后开始暴食、严重的会将整株辣椒果实食用完，南方地区一般是在3月中旬开始危害辣椒幼苗、7月中旬危害最重。北方地区设施保护地常年均可发生，露地发生在5～8月。在防治时，应抓住幼虫在3龄前群集危害和点片发生阶段，结合田间管理进行，另外，幼虫4龄后昼伏夜出危害，用药防治宜选在傍晚前后进行。具体防治措施：在虫体密度少时，可在清晨人工捕杀老龄幼虫，或采用黑光灯、糖醋钵诱杀成虫；或在1～2龄幼虫时，用虫瘟一号可湿性粉剂800倍液，或5%啶虫隆乳油3 000倍液，每隔7～10天喷施1次，连续防治2～3次。

④ 茶黄螨。是保护地蔬菜生产中的重要害虫，主要以成螨、幼螨集中在辣椒幼嫩的生长点刺吸为害，一年可发生多代。在30℃左右条件下，4～5天即可发生一代，20℃时7～10天可发生一代，并且世代交替。北方地区秋季常发，南方地区6～12月是为害高峰期。生产上可采用清洁田园、改善通风条件、棚室消毒等方式恶化害虫越冬场所进行预防。害虫发生后可采用2.5％联苯菊酯乳油2 000倍液，或35％杀螨特乳油1 000倍液，或45％石硫合剂结晶600倍液，或5％噻螨酮（尼索朗）乳油2 000倍液等交替喷雾防治，7～10天喷1次，连喷数次进行防控。

⑤ 蓟马。蓟马属缨翅目，系过渐变态小型昆虫。可危害茄子、黄瓜、芸豆、辣椒、西瓜等作物。北方地区一年四季均有发生，春、夏、秋三季主要发生在露地，冬季主要在保护地发生，南方地区4～5月，8～10月易发生。卵散产于叶肉组织内，若虫在叶背取食到高龄末期停止取食，落入表土化蛹。蓟马喜欢温暖、干旱的天气，其适温为23～28℃，适宜空气湿度为40％～70％；湿度过大不能存活，当湿度达到100％，温度达31℃时，若虫全部死亡；在雨季，大雨后或浇水后土壤表层板结，若虫不能入土化蛹或蛹不能孵化成虫。成虫害怕强光，主要在阴天、早晨、傍晚和夜间活动。蓟马主要危害辣椒的生长点幼嫩部位，新梢嫩叶、花蕾、果实等。蓟马以成虫和若虫锉吸辣椒叶片、花器和幼果上的汁液。苗期危害常造成叶片皱缩、粗糙，受害点（面）斑枯；花期危害能引起花蕾脱落；坐果期为害能造成幼椒老化、僵硬、果柄黄化。受害处有齿痕或由白色组织包围的黑色小伤疤，有的还造成畸形。蓟马还可传带病毒、病菌，造成植株生长停滞，矮小枯萎。严重时造成落果，不仅影响辣椒的产量，而且还影响辣椒的品质。生产上应做到及早防治，避免"小虫"成大害。蓟马防治应把握好3个技术环节，一是掌握好防治时期，在辣椒栽植后，要加

强检查，当每株虫量达到 3～5 头时应及时喷药防治；二是选择合适的化学药剂，可选用 3％啶虫脒 1 500 倍液，10％吡虫啉 1 500 倍液，或 5％虱螨脲（美除）1 000 倍液＋25％噻虫嗪（阿克泰）2 000 倍液等交替用药防治；三是掌握好正确用药方法。由于蓟马怕强光，白天多隐蔽在叶背或生长点，傍晚活动，防治时间应选在上午 9 时前，最好露水未干时，或下午 5 时后，或阴天用药。并做到连续用药，一般每隔 5～7 天防治 1 次，连续防治 2～3 次。

⑥ 白粉虱。又名小白蛾子，属同翅目粉虱科，以成虫和若虫吸食植物汁液危害，被害叶片褪绿、变黄、萎蔫，甚至全株枯死。白粉虱繁殖力强，种群数量庞大，群聚为害，并分泌大量蜜液，严重污染叶片和果实，往往会引起煤污病的大发生，使辣椒失去商品价值。生产上，可采用农业、物理、生物及药剂防治方式进行防控。在育苗时要培育无病虫壮苗，在定植前可通过高温闷棚、熏棚等方式对生产棚室进行清洁消毒；生产中可利用白粉虱成虫对黄色较强的趋性特点，设置黄板，用于检测害虫发生的同时，对害虫进行田间诱杀，每亩 30～33 块，悬挂于植株生长点 5～10 厘米，进行白粉虱群体虫量控制；同时可利用洗衣粉对害虫具有强烈的触杀作用，使用 600～800 倍液洗衣粉溶液喷洒，可以缓解白粉虱体表的蜡质层，并深入虫体内，使害虫体表气孔堵塞而窒息死亡；有条件的地区，大白粉虱成虫平均每株 0.5～1 头时，释放人工繁殖的丽蚜小蜂，平均每株释放丽蚜小蜂成虫 3～5 头，每隔 10 天释放 1 次，共释放 3～4 次，可控制白粉虱危害。另外，在白粉虱发生初期 3～4 个月内，人工释放草蛉 10 头/米^2 可以控制虫口密度。也可在白粉虱发生初期，用 10％吡虫啉 2 000 倍液，或 18％阿维菌素 2 000 倍液，或 30％啶虫脒 10 000 倍液交替喷雾防治，每隔 5～7 天用药 1 次进行防治。

⑦ 根结线虫。根结线虫是一种主要的植物寄生性土传病害，

寄主范围已超过 3 000 种植物，我国从南到北各蔬菜产区均受到不同程度的根结线虫危害，保护地蔬菜产区根结线虫的发生尤为严重，已成为我国设施栽培中危害最为猖獗的植物根部寄生害虫。据不完全统计，国际上每年因根结线虫造成的经济损失近 1 600 亿美元，我国约 30 亿美元。近些年，随着辣椒种植面积的不断增加，由于辣椒产区与番茄、黄瓜、豆类等高感根结线虫蔬菜作物接茬以及缺乏有效的综合防治措施，根结线虫已成为辣椒的主要虫害之一，其危害也变得越来越严重。

发病时期。苗期、成株期均可发病。

症状。苗期发病，地上部无明显症状，检视根部，可见幼苗须根或侧根上有灰白色根结，有的主根略显肿大；成株染病时，在开花期病株易出现萎蔫现象，症状与镰孢根腐病或疫病相似，但拔起萎蔫株，可见根上产生大量大小不等的瘤状根结，剖开根结感病部位会有很多细小的乳白色线虫藏在其中，植株地上部因根系受害生长衰弱，中午会出现不同程度的萎蔫，并逐渐枯黄。

病原。目前，危害蔬菜的主要根结线虫有南方根结线虫、北方根结线虫、花生根结线虫和爪哇根结线虫 4 个优势根结线虫种群，其中对辣椒危害最大的为动物界线虫门植物寄生线虫——南方根结线虫。

发病规律和特点。南方根结线虫以 2 龄幼虫和卵随病残体留在土壤中越冬，能在土壤中生活 1～3 年。翌年春天温、湿度适宜时，越冬卵孵化为幼虫，这时辣椒定植后从根部侵入寄主，刺激根部细胞增生产生肿瘤状根结。根结线虫发育到 4 龄时交配产卵，孵化的雄虫离开辣椒进入土中，不久即死亡。卵在根结里孵化发育，2 龄后开始离开卵壳进入土壤中寻找寄主进行侵染或越冬。在田间主要靠病土、病苗传播。一般喜温，蔬菜生长发育的适宜环境适合线虫的生存和为害。我国南方温湿环境有利于线虫为害。连茬、重茬地种植棚室辣（甜）椒，线虫的发生有日益严重的趋势。越冬栽培辣（甜）椒的产区，茄科作物连作、重茬，线虫病害发生普遍，已经严重影响了冬季辣（甜）椒生产。

防治措施。农业防治，南方地区可与水稻、莲藕等轮作；北方地区，对于重病田，可在生产后期用菠菜等高感速生叶菜诱集，并在下个茬口安排葱蒜等拮抗作物生产；对于轻病田，可在休闲期诱集。少部分地区可以在冬季适当闲田，结合低温冷冻减轻病害。同时在品种选用时，应选用抗根结线虫品种如国禧系列品种或抗根结线虫砧木。

82. 辣椒连作障碍发生的原因是什么？

随着国内外市场对辣椒需求的增加，我国辣椒产业近年来得到了快速发展，辣椒种植面积也在逐年增加。但由于我国有限的耕地面积，气候条件的区域性，我国辣椒主产区重茬种植越来越严重，土传病害逐年加重，造成辣椒产量和质量下降。根据文献报道，土传重茬1年产量下降10%～15%，重茬2年下降20%～30%，重茬3年下降30%～50%，有的甚至减产高达70%，重茬障碍严重影响了我国辣椒产量和产值的增加。

有研究对辣椒连作障碍发生的原因进行了详细的分析，人为造成辣椒连作障碍发生的原因主要有：

一是土壤理化性质恶化，主要表现为土壤物理性质不良及养分失衡以及土壤盐渍化及酶化板结。随着连作年限的增加，土壤结构发生明显改变，非活性孔隙比例相对降低，形成土壤板结，随之耕作层浅，土壤通气、透水性差，物理性状不良，给植物根系活动造成困难。另外，辣椒对土壤中营养元素的需求种类及吸收均具有一定的特异性，并且会产生特定的代谢产物，在同一块土地长期进行辣椒连作，必然造成土壤中某类元素的亏缺以及有害物质的积累，造成辣椒所需营养元素失衡。如果有益物质得不到及时补充，有害物质得不到一定的降解，必将影响下茬辣椒的正常生长。郭红伟等研究表明，连作土壤有机质和全氮都明显高于对照土壤，连作土壤全磷、全钾及速效养分都有不同程度富集，大量元素高度富集，锰含量下降，铜含量明显增加。有研究表明连作使土壤养分失衡，氮、磷、钾比失调，钠、氯等盐分离子残留较多。另外长期连作，由于灌溉不当，肥料施用不合理，栽培管理措施不科学等因素导致土壤盐分不断向土壤表层聚集，造成土壤含盐量增加。土壤盐渍化造成土壤渗透势增大，土壤缓冲能力下降，作物根系生长受到影响，吸水吸肥能力减弱，从而导致辣椒生长发育不良，进而影响产量和品质。

二是土壤酶活性降低，土壤酶是表征土壤物质、能量代谢旺盛程度和土壤质量水平的一个重要生物指标。土壤中许多酶与微生物呼吸、微生物种类及数量、有机碳含量之间存在着显著的相关关系。常年连作会造成土壤酶活性降低。郭红伟等研究发现，土壤过氧化氢酶和蔗糖酶活性随连作辣椒年限增加呈现先上升后下降的趋势。

三是土壤微生物区系的变化，同一作物长期连作，作物和微生物间的相互选择造成了土壤微生物区系变化，有益微生物减少，某些病原菌数量增加，从而影响植物的正常生长和生命活动。据有关学者报道，通过对病害、近似病害、虫害及虫害意外引起的连作障碍调查，其中表现最为突出、影响最大的属病害引起的连作障碍，占危害率的 69.3%；近似病害引起的部分危害率占 74%；虫害引起的部分危害率占 78.7%。

四是植株的化感自毒作用，有研究认为，辣椒连作产量和质量下降的原因主要是化感作用。采用盆栽试验研究得出，辣椒连作障碍的主要因素之一是化感作用。采用生物测定的方法，缺了辣椒化感物质的连作 6 年土壤原位收集法甲醇洗脱组分是辣椒化感自毒作用的优质组分，其中的烷烃、芳香烃、醇、烯酸酯、芳香酸酯和含氮的化合物等化学物质对辣椒种子发芽率、苗鲜重、干重，胚轴长、胚根长起抑制作用。

83. 辣椒病害鉴别的通用原则是什么？

辣椒病害多种多样，根据文献记载，目前，世界上辣椒的病害有60多种。不同病害造成的病状不同，侵染源不同、病害发展机理不同，防治药剂也多种多样，如何快速、正确识别病害，对症下药已成为影响病害防治效果、降低损失的重要因素。

辣椒病害鉴别的通用原则是定期观察、综合判定。

定期观察是指在生产的各个环节，要定期对植株进行查看，观察是否有病状、病征、植株发病部位、田间病害的普遍性、严重性及田间分布等为准确鉴别病害奠定基础。

综合判定是指根据观察所发现病害的病状、病征、发病部位、田间分布等借助症状诊断、病原鉴定等方式综合、准确的判定病害。

84. 辣椒病害识别的基本方法和经验都有哪些？

病害诊断的基本步骤，病害诊断一般采用"排除法"，通常的步骤如下。

一是观察发病规律，进行生理病害还是侵染性病害的判断。辣椒病害根据病原类别可分为侵染性病害和非侵染性病害两大类。大多数侵染病害具有再侵染性，发病规律是开始只在少数植株上发生，而后再由少数植株即发病中心向周边蔓延，如辣椒的白粉病是由植株的下部叶向上部叶扩散，横向上则形成由病株向四周迅速蔓延的态势。但也有一些病害当季看不出再侵染性，或再侵染速度极慢，如辣椒的枯萎病往往是只在土壤已经带菌的地方发生，当年不再向外蔓延；如细菌性青枯病，通常是靠水流携带病原菌进行再侵染，因此病害发展速度慢，方向性强，多在浇水的水流方向上发展。生理病害的发生规律与侵染病害相比，通常有如下特点：突发性，即病状在一个较短的时间里几乎同时出现，表现为起病急，病程短；普遍性，病状是成片或成块地上同时发生，看不出明显的发病中心和由中心向外蔓延的迹象；相似性，受害植株几乎同时在同一部位的相同器官出现相同或相似的病状。以上"三性"同时是诊断生理病害的重要依据。但也有例外，如根结线虫危害与生理病害类似。

二是调查访问。不断地调整诊断方向，通过贯穿诊断工作全过程的调查访问，要在排除中不断地调整诊断方向，并获取支持诊断的证据。调查者应首先对发病田的周边环境和发病地块进行观察，并对知情人进行启发式提问。调查宜由窄至宽，由浅到深逐步展开，力求详尽，避免发生遗漏。调查访问的内容包括发病田周边环境、设施结构和设施作物栽培品种、栽培历程和实施的管理措施，要特别注意询问本茬和前茬作物农药和肥料的使用情况；还需要了解近期发生过的意外如灾害天气、突然变故等。

三是认真观察鉴别，抓住典型症状。病害的症状往往多种多样，复杂难辨，必须认真观察、仔细辨认。只有抓住典型症状，才能把它与相类似的病害区别开来。通常一种病害在其发生过程中，先后或者同时会表现出多种症状，而且有些症状往往是多种病害都会有不同表现。即使是同一症状，前后的变化往往又很大，因此，不能仅靠个别病株或一个症状的表现就简单地下结论，需要多点、多个病株的反复观察，抓住特征，找出典型症状，为诊断取得可靠的依据。识别症状通常需要找出症状的直观特征与其他病害明显不同的地方，症状发生的特定因素以及根据症状的特点区别同类病害。

对于一些疑难病害，通过上述三步无法判定时可由专业人员通过镜检和分析化验确诊。镜检首先可以进一步区别侵染病害和生理病害。生理病害一般在镜下观察不到病原菌体的存在（病征），但要注意排除因环境不适或有害以及管理措施不当，组织坏死后寄生腐生菌。培养后，进行镜检，可以通过病原生物的特征和参照有关文献资料，区别分开侵染病害的类型和不同的病害；通常在做缺素、元素过剩或土壤积盐诊断时，需要取样进行植株或土壤的化验分析。

另外，对于病害识别应排除各种可能，取得尽量多的证据之后再做出诊断，切不可轻率，否则极易出现误诊，给后期病害防治带来困难，造成较大损失。

另外，由于不同病菌引发的植株病害症状相似，如病毒病症状与茶黄螨危害状、缺钙症状与缺硼症状的植株表现等，因此为准确判定病害的具体引发原因需借助一定的病害鉴别手段。目前，常用的病害鉴别手段有症状诊断和病原鉴定。

症状诊断是通过植物症状观察，根据症状特点，区别伤害和病害以及传染性和非传染性，其中伤害没有病变过程，而病害是有病变过程的。在观察症状时，可用肉眼或放大镜观察病株的外部表现；当外部症状表现不明显时，再进行病理解剖，检查内部症状。另外，可根据病害在田间的发生和发展规律进行病害判定，如非侵染性病害在田间发生较为普遍、均匀且成片发生，且病株上难以发现霉状物、粉状物、颗粒状物等病征；而侵染性病害通常是由点到面发生，一般是先在某一植株或几个植株上发生，然后以点为中心通过传染向四周扩散。需特别注意的是病毒病症状与某些生理性缺素症在症状上表现极为相似，在进行症状诊断时可借助传播途径，查看病株周围是否有蚜虫、粉虱等传毒昆虫活动；另外，病毒病在田间多为分散发生，在病株周围可找到健株。

病原鉴定是对辣椒病害进行诊断最可靠的方法，但该方法需时较长，主要用于病害研究方面。对不同性质的病原应采取不同的鉴定方法。其中，非传染性病害的病原鉴定，是对发病植株周边的生产因子如养分、水分、温湿度等方面进行分析，通过对发病植株榨出的汁液或病土进行化学分析来查找具体病因。此外，还可以通过人工诱发试验，如水培法、砂培法，人为提供可疑类似条件，观察是否发病来判定病因。传染性病害的病原鉴定包括病毒性病害病原鉴定、真菌性病害病原鉴定和细菌性病害病原鉴定。

病毒性病害病原鉴定多采用人工接种试验验证，即将病株汁液通过摩擦接种、嫁接、昆虫传播等方式使健株发病；也可根据病毒的生物学特性如传播方法、寄主范围、寄主反应等来区别病毒的种类，有些病毒还可以采用指示物进行鉴定。

细菌性病害的病原鉴定，可通过革兰氏染色，通过阳性和阴性反应来区别病菌种类，还可以通过分离提纯培养、人工接种的方式来确定细菌的种类。

85. 病虫害防控的植保方针是什么？

病虫害防控的植保方针是"预防为主，综合防治"，即通过人为干预如选用抗性品种、作物轮作、培育壮苗、合理安排茬口等营造不利于有害生物、有利于作物和自然天敌的农业生态系统。

86. 什么是农业防治？都有哪些措施？

农业防治又称栽培防治，是通过调整和改善作物的生长环境，增强作物对病虫、草害的抵抗力、创造不利于有害生物生长发育和传播的条件，以控制、避免或减轻病虫草的危害。农业防治伴随种植业的兴起而产生，在我国先秦时代就有除草、防虫的记载，后在《齐民要术》等古书中对耕翻、轮作、适时播种、施肥、灌溉等农事操作和选用适当品种可以减轻病、虫、杂草的危害都有较详细的论述。在长期的农业生产实践中，农业防治也一直被用作防治有害生物的重要手段。农业防治最大优点是不需要过多的额外投入，且易与其他措施配套，但农业防治也有很大的局限性。一是农业防治必须考虑丰产的要求，不能单独从有害生物防治角度出发考虑问题；二是农业防治措施往往在控制一些病虫害的同时，引发另外一些病虫害的危害，必须针对主要病虫考虑，权衡利弊、因地制宜。另外，农业防治具有较强的地域性和季节性，多为预防性措施，在病虫害已经大发生时，防治效果不佳。且农业防治措施的效果是逐年积累和相对稳定的，符合"预防为主、综合防治"的策略原则，其具有经济、安全、有效的特点，但其作用的综合性要求有些措施必须大面积推行才能收效。

农业防治的主要措施有选用抗病虫品种、调整品种布局、选留培育健康种苗、轮作、深耕、灭茬、调节播种期、合理施肥、及时排灌、合理密植、适度整枝打杈和搞好田园卫生等。

87. 什么是物理机械防治？都有哪些措施？

物理机械防治就是利用简单工具和物理因素，主要是利用热力、冷冻、干燥、电磁波、超声波、核辐射、诱集等手段达到控制病、虫、草害的目的。物理防治害虫的理论基础是人们在充分掌握害虫对环境条件中的各种物理因子如光照、颜色、温度等的反应和要求的基础上，创造一种不利于害虫或其侵入的方法，来诱集和控制害虫。该方法收效迅速，可直接把害虫消灭在大发生之前，或在某些情况下作物大发生时的急救措施。物理机械防治常用的方法有人工和简单机械搏杀、温度控制诱杀、阻隔分离、微波辐射和放射能、声波等防治病虫的措施，最原始、最简单的徒手捕杀或清除以及近代物理防治工具，如黄板、黑光灯、性诱剂等。

物理机械防治的措施主要有隔离，即在掌握病虫发生规律的基础上，在作物和病虫害之间设置适当的障碍物，阻止病虫害入侵危害或直接杀死有害生物,如检疫工作。

诱集,可分为色板诱杀、灯光诱杀、潜所诱杀和植物诱杀;其中色板诱杀是利用害虫对特定颜色的趋性而设置的一种害虫防治措施,不污染环境,对非目标生物无害,而且能长期不断地诱杀目标害虫。色板诱杀是控制害虫种群、监测害虫种群动态的快速、经济有效的方法,如利用黄板诱杀蚜虫,蓝板诱杀白粉虱、烟粉虱、蓟马等。灯光诱杀主要是指黑光灯和频振式杀虫灯诱杀。黑光灯可以诱杀多种害虫如烟青虫、斜纹夜蛾等。频振式杀虫灯是利用害虫较强的光、波、色、味的特性,将光波设在特定的范围内,近距离用光、远距离用波,加以色和味引诱成虫扑灯,触电触杀。潜所诱杀,是利用部分害虫,如黏虫喜欢在黄色枯草上产卵的特性,将虫蛾诱集到草上产卵,然后集中烧毁,也可以利用糖、醋毒浆诱杀烟青虫。植物诱杀,是利用害虫喜食的作物如在辣椒田周边种植少量的玉米,可以诱剂棉铃虫,减少对辣椒的危害。

热处理法,主要用于种子消毒,如种子的干热处理、晒种以及温汤浸种等。

辐射法,主要用于贮粮、食品、中草药等方面的害虫防治,在蔬菜上较少使用。

微波法,是利用微波可在介质内部产生高温,从而达到杀虫的目的,它对害虫的各种虫态均有较好的防效,主要用于土壤害虫的杀灭。

声控法,该办法在我国应用较少,是利用特定声波对害虫诱捕。

88. 什么是生物防治?都有哪些措施?

生物防治是通过利用生物之间的相互依托、相互制约性,让一类或一种有益生物去对抗、消灭另一类或一种有害生物的方法。生物防治大致可以分为以虫治虫、以鸟治虫和以菌治虫三大类，它是降低杂草和害虫等有害生物种群密度的一种方法，具有不污染环境的特点，是农药等非生物防治病虫害方法所不能比的。化学农药具有双面性，在杀死害虫的时候，也造成土壤有益菌种的失衡，长期使用农药还会使害虫的抗药性增强，长此以往生物平衡被打破，害虫更加猖獗，生物防治从根本上优化农作物的种植环境或者增加生产环境中的意义生物实现病虫害的防治，其不仅可以减少对环境、水、土壤的污染，而且也可以有效改善人们的生存环境。

生物防治的措施。一是利用天敌防治。这种方法依照的是生物种群中的平衡机制进行的，自然界中的任何一种生物、动物、微生物都有一种或者几种天敌的存在，害虫也不例外，通过引入害虫天敌，抑制害虫的繁殖，从而建立新的生态平衡群落。目前，辣椒生产中较常用的生物天敌有七色瓢虫、丽蚜小蜂、赤眼蜂、钝绥螨等。二是利用微生物防治。常见的有应用真菌、细菌、病毒和能分泌抗生物质的抗生菌，如核型多角质体病毒CPV防治烟青虫、白僵菌防治蓟马等。三是利用生物技术改良作物抗性基因。这种防治方法是通过研究病虫害在植物上的发作特点，培养具有抗性的作物品种防治病虫害。由于病虫害种类繁多，在进行生物防治技术应用时，针对不同的病虫害情况，采取不同的生物防治方法。同时，在生产时可利用生物之间的制约性合理布局生产结构，如在大豆田和花生田间种植蓖麻可杀死害虫，降低虫口密度，这是因为危害大豆田和花生田中的害虫金龟甲在取食蓖麻叶后会中毒致死；在玉米田间种植南瓜可有效减少玉米螟危害，这是因为南瓜花蜜能引诱玉米螟的寄生性天敌黑卵蜂；在油菜行中种植大蒜可驱避害虫，减少虫卵，大蒜挥发出来的杀菌素，可以危害油菜的蚜虫。通过合理的作物搭配布局，使病虫害得到有效控制，并且也能够满足人们对绿色、无污染新鲜菜品的需求。

89. 生物防控技术在我国的应用现状如何？

据统计，全世界每年被病虫害夺去的谷物占总收成的 20%～40%，由此造成经济损失高达 1 200 亿美元。为了防治病虫害，每年要生产 200 多万吨农药，以保证农业的丰产和稳产。其中主要是化学农药，销售额每年高达 160 亿美元。但由于长期大量使用化学农药产生了许多负面影响，例如有害微生物和害虫的后代出现了选择性进化优势，产生了抗药性，20 世纪 50 年代以来，抗药性害虫已从 10 种增加到 2019 年的 417 种，生产者必须加大药物剂量来控制病虫害，导致这些药物在农产品中大量积累，影响农产品的质量。除此之外，农药还会作用于非靶标生物和环境，造成环境污染，破坏生态平衡，影响农业的可持续发展。特别是我国加入 WTO 之后，在国际农产品贸易中，世界对农产品中农药残留的检测标准越来越严格。因此，开发、研制和使用一系列选择性强、效率高、成本低、对人畜及环境安全的生物农药，对病虫害进行生物防治已成为 21 世纪的重要课题之一。

近年来，随着我国科技水平不断提升，我国生物防治技术也得到了快速发展，在天敌应用、微生物制剂等方面均获得了较大的成就。如在天敌应用方面，我国目前的生物天敌有赤眼蜂、寄生蝇、肿腿蜂、花角蚜小蜂、平腹小蜂、黑缘红瓢虫、草蛉、瓢虫、异色瓢虫、智利植缓螨、西方盲走螨、山楂叶螨等，另外为了弥补一些害虫国内没有天敌的不足，我国从国外引进害虫天敌多达 300 种；在微生物制剂方面，苏云金芽孢杆菌制剂（Bt）在国内外农药市场上受到普遍欢迎，至 2019 年已有 29 个变种；我国应用白僵菌制剂—真菌杀虫剂防治鳞翅目害虫、应用农用抗生素防治病虫害的历史悠久，阿维菌素（虫螨克）便是一个典型的代表；同时我国已有核型多角体病毒（NPV）、可立体病毒

（GV）等 20 多种昆虫病毒制剂在大田防治中试用。另外，我国在微生物除草剂方面的研究起步较早，是首先大面积应用于生产的国家之一。

90. 使用生物农药需要注意哪些问题？

生物农药是经过生物制剂加工而成的一种杀虫性能高、又不污染环境、不毒害人畜、不会诱发产生抗药性的农药，也称"细菌农药"，具有广阔的开发前景。但在使用上必须注意下面一些问题。

一是控制好温度。生物农药在喷施时，务必控制在理想温度 20 ℃以上。这类农药的活性成分是由蛋白质晶体和有生命的芽孢组成，环境温度过低，芽孢在害虫体内的繁殖速度十分缓慢，而且蛋白质晶体也很难发挥其作用，往往施用后防治效果不明显。根据试验数据，在温度 25～30 ℃下生物农药的杀虫效果比 10～15 ℃时的杀虫效果好 1～2 倍。

二是掌控好湿度。生物农药对湿度的要求也极为敏锐，据一些研究资料报道，环境湿度越大，喷施生物制剂农药的药效越显著，特别是对粉状生物制剂农药尤为明显。所以，在喷洒细菌粉剂时务必选择早晚有露水的时候，这样药剂能很好地黏附在茎叶上，使芽孢很快繁殖，害虫食到叶子即致死。

三是不可忽视太阳光的副作用。太阳光中的紫外线对芽孢有着致命的杀伤作用，试验表明，阳光直射 30 分钟芽孢死亡 50%，照射 1 小时后芽孢死亡 80%，且紫外线的辐射对伴孢晶体还能产生变形降效作用，因此选择在下午 4 时以后或者阴天使用效果较好。

四是露天用药注意天气及降雨。暴雨可将蔬菜体上的菌液冲刷掉，使其失去杀伤力，在施药时应根据天气预报进行。如喷施后遇小雨，不但不会降低药效，反而可提高防效，因为小雨对芽孢发芽有利，害虫一旦食后就会加速死亡。

91. 目前我国生物防治存在哪些问题？

虽然我国在生物防治方面取得了很多成就，生物防治在农作物、林业及园艺植物上也得到了广泛应用。但目前我国的生物防治仍然存在以下几个方面的问题。

一是预测不到位。在开展生物防治技术应用时，由于缺乏人力、物力和资金的支持，基础设施建设不完善，缺乏健全的病虫害监测预警网络，无法针对植物病虫害的发生准确开展监测、预测工作，不能及时将田间病虫害发生情况与植物生物防治协调联系起来。

二是效果不显著。我国生物防治技术研究的时间较短，成果转化力度薄弱、防控措施无法落实等问题。另外，生物防治技术见效慢、周期长，应付突发性病虫害较为被动，同时受环境因素的影响较大，防治效果不够稳定，在防治病虫害的过程中没有化学农药见效快。生产中因种植户不了解生物防治的优点，难以接受这种新技术，导致生物防治技术无法得到有效推广，应用的范围也受到限制。

三是宣传不到位。种植户不了解生物防治技术的特点与性质，加之在生物防治技术的实践操作中，缺乏专业人员和专业技术的宣传与指导，很多种植户不愿轻易尝试。且在大多数种植户认知中，施用传统的农药和化肥是消除植物病虫害的最佳途径，加之生物防治周期长、见效慢，降低了经济效益，由此影响了生物防治技术在生产中的推广使用。

92. 什么是化学防控技术？

化学防治时使用化学药剂（杀虫剂、杀菌剂、杀螨剂、杀鼠剂等）来防治病虫、杂草和鼠类的危害，它是利用农药的生物活性（对有害生物的杀伤作用、抑制或调节作用、增强作物抵抗有害生物的能力），将有害生物种群或群体密度降低到经济损失允许的水平以下。一般采用浸种、拌种、毒饵、喷粉、喷雾和熏蒸等方法施药。与其他防治方法相比，其优点是收效迅速、方法简便、急救性强，且不受地域性和季节性限制。化学防治在病虫害综合防治中占有重要地位。但长期使用性质稳定的化学农药，不仅会增强某些病虫害的抗药性，降低防治效果，还会对农产品、空气、土壤和水域造成污染，危及人、畜健康与安全，危及生态环境。

至今，化学防治的发展可划分为 3 个时期，一是 20 世纪 30 年代大量使用无机和植物质的农药，如波尔多液、石灰硫黄合剂、硫黄粉等；二是自 20 世纪 40 年代中期开始，有机氯、有机磷和氨基甲酸酯等具有品种多、杀虫广谱、药效高的有机合成农药的出现导致化学防治大面积应用，且被认为是解决害虫防治问题的唯一有效方法，使有害生物产生了抗药性、农药对天敌的杀伤和对环境的污染等问题也日趋严重；三是从 20 世纪 70 年代开始用生态学观点指导化学防治的新时期，其特点是根据防治对象的种类、数量、危害程度和天敌控制有害生物的能力以及对作物的补偿能力和产量损失估计等因素的分析，制定防治指标，并在预测预报基础上与生物防治、农业防治和其他防治措施相协调，使用高效、低毒和易降解的农药品种；同时辅以适时、合理施用、改进施药机具，提高施药效率以及防止形成抗药性、杀伤天敌和对植物造成药害等技术措施，达到有效、经济、安全的目的。在防治对象上，也从仅仅针对单一病、虫种类发展到防治一种作物的主要病、虫、草害，以求减少施药的次数和面积。

93. 什么是绿色防控？

绿色防控是指从农田生态系统整体出发，以农业防治为基础，积极保护利用自然天敌，恶化病虫的生存条件，提高农作物抗虫能力，在必要时合理地使用化学农药，将病虫危害损失降到最低。它是持续控制病虫灾害，保障农业生产安全的重要手段；是通过推广应用生态调控、生物防治、物理防治、科学用药等绿色防控技术，以达到保护生物多样性，降低病虫害暴发概率的目的，同时它也是促进标准化生产，提升农产品质量安全水平的必然要求；是降低农药使用风险，保护生态环境的有效途径。它是在"科学植保、公共植保、绿色植保"理念指导下，贯彻预防为主、综合防治的方针，从产前、产中、产后建立健康栽培技术、土壤消毒技术、灯光诱杀技术、性信息素诱杀技术、色板诱杀技术、科学用药技术为核心的全新技术模式。

94. 无公害辣椒生产病虫害防治的药剂选用原则是什么？

无公害辣椒生产病虫害的药剂选用原则主要包含以下三个方面：一是所有施用的农药都必须经过农业农村部农药检定所登记。严禁使用未取得登记和没有生产许可证的农药以及无厂名、无药名、无说明的伪劣农药。二是禁止使用国家明令禁止使用或限制使用的农药，如甲胺磷、水胺硫磷、杀虫脒、呋喃丹、氯化乐果、久效磷、氯化物、二溴丙烷、氯化苦、一切汞制剂等农药以及其他高毒、高残留的农药。三是尽可能选用无毒、无残留或低毒、低残留的农药。具体来说，首先，要选择生物农药或生化制剂农药；其次，选择特异昆虫生长调节剂农药；再次选择高效低毒、低残留的农药。

95. 目前我国农药使用方面存在哪些问题？

　　农药是重要的生产资料，在防治农作物病虫草害、保护农业生产安全、提高农业综合生产能力、促进粮食稳定增产及农民持续增收等方面发挥着极其重要的作用。与此同时，农药也对生态环境造成了严重威胁。农药的不合理使用可引起农药在食物、环境中残留毒性的富集效应，间接危及人们的身体健康；杀伤有益生物，降低其对有害生物的控制作用，造成害虫猖獗，病虫抗药性日趋严重；污染大气、水体、土壤；农药残留是影响农产品质量安全的关键因素，影响农产品市场竞争力和出口贸易。

　　目前，我国在农药使用上仍然存在很多问题。如没有恰当地选择农药，农作物的生产过程中会有多种病虫害发生，有的症状相似，有的症状不同，所以需要的防治药剂也不尽相同，但有的种植户对这些不够了解，导致用药混乱，药剂自身的效用难以发挥。用药时间不准确、使用方法不正确，目前我国很多种植户没有很好地掌握病虫害的发生机理，病虫害发生的萌芽阶段不易察觉，察觉时往往已是后期，一些种植户没有掌握用药的准确时间，使得用药无效。农药在使用的过程中有着严格的要求，但有的种植户却并没有按此进行，如喷洒时使用已坏的喷雾器或不合格低效喷雾器。另外，据不完全统计，手动喷洒的农药损失量竟高达近80%，造成了农药污染。有的种植户没有做到科学地控制农药使用量，出现农药滴漏，不仅影响了防治效果，还可能使农药残留在农作物上，造成污染，危害消费者的身体健康。种植户农药使用安全意识淡薄，当地对农药管理法律法规、政策、农药知识的宣传不够，对农药使用安全的重要性认识不足，没能形成良好的农药安全使用的社会舆论氛围，致使很多农户、商户和生产基地不顾农产品农药残留超标，只注重产量和农产品外观形状，对绿色食品、有机食品、无公害农产品缺乏认识，没有自觉的生产和销售行为，没有树立较强的农药安全使用意识。过于依赖农药防治，在农业生产中使用农药防治病虫草害能较好地抑制病虫草滋生，有见效快、效果好的特点，一直以来人们对使用农药防治病虫草害产生了依赖思想，从而忽视了物理、农业、生物等综合防治措施，农药使用过多，造成严重的生态环境污染破坏。存在违规使用农药现象，有的农户只注重防治效果，不管农药毒性，多年来选用同一品种农药，对天敌造成严重伤害，致使病虫抗药性增强，增加了防治难度和用药数量，降低防治效果，造成农药的浪费和损失；有的农户超量或违规使用对人体有害的色素、激素、膨大剂、催熟剂、防腐剂等；有的农户将使用后的农药包装物随处丢弃，将剩余的药液（粉）随处乱倒；农药经营市场监管不严，农药经营规模小、散、乱现象突出，有的商贩为了获取更多的经济利益，售卖假冒伪劣的农药产品，在农药中掺杂使假，以次充好，以肥充药，农药有效成分含量不足等，农户购买使用此类农药，无法满足科学合理施药的要求，严重影响农业经济的健康发展。

96. 如何安全使用农药？

近年来，农产品质量安全问题时有报道，农药化学防治对人畜安全、环境污染等的副作用也越来越突出，如何安全、合理、正确地使用农药已成为我国农业可持续发展的一项重要要求。为保障农产品质量安全、促进农药的科学安全合理使用，在使用过程中应注意以下方面。

一是要根据病虫草发生类型，正确选购农药，对症科学用药。要安全有效地使用农药，首先要选购合适的农药，选购优质、对症的农药是保证安全、有效使用农药的前提；在选购农药时，首先要明确防治的对象，针对不同的防治对象选购不同的农药，对症下药；如果选用不当，不但达不到防治病、虫、草等危害的目的，而且是一种浪费，甚至可能使作物产生药害，严重的则会造成环境污染，给农产品质量安全带来威胁。

二是遵循《农药合理使用准则》，合理安全用药。根据防治对象的发生情况及环境条件，确定施药适期。应在害虫未大量取食或钻蛀危害前的低龄阶段防治害虫，通常按照防治指标进行施药，可避免农药使用的盲目性。病害防治适期为病害未发生或发病初期，如在病菌侵入之前或在病害暴发流行预测期之前施用保护性杀菌剂。杂草防除的施药适期是由除草剂性能以及作物、杂草的敏感性决定，如触杀性除草剂应在杂草幼龄期施药；掌握有效用药量，适时用药。每种农药针对的防治对象均有一定的有效用量范围，一般在害虫孵化期、病害初发期、杂草萌发前期施药，选用最低有效剂量，即可达到最好防治效果。一般环境气温较高或作物处在幼苗期，施药量可适当减少；环境气温较低或虫龄较大时，施药量应适当增加。此外，确定施药用量时还应考虑作物的敏感性和环境条件，如土温低、土壤黏性重、含水量少，除草剂用量应适当增加。按照防治目标和农药的特性，采用合理的施药方法针对病虫危害方式、发生部位及农药的特性等，采用适宜的施药方法，如喷雾法、喷粉法、种苗处理法、毒饵法、撒毒土法、土壤处理法、熏蒸法、涂抹法、泼浇法、诱杀法等。施药方法直接关系到防治效果，只有选择正确的施药方法，才能有效发挥农药的防治作用；合理复配、混用农药，将两种或两种以上农药制成混剂，或在使用前，将两种或两种以上农药产品复配混用，可达到一次用药防治多种病虫的目的。但应遵循两种混用农药不发生化学变化、物理性状保持不变、对人畜和有益生物毒性不增加、混用的农药品种具有不同作用方式和不同防治靶标、混用后药效增加且活性物质不降低、农药残留量低于单用剂型等原则；合理轮换使用农药，区域内长期单一使用同一种农药，易使害虫产生抗药性。因此，药剂防治时应轮换使用不同种类的农药，以避免害虫产生抗药性。

三是按照《农药安全使用规范》，安全使用农药。老式防治器械"跑、冒、滴、漏"现象严重，损耗高、效率低，防治效果差。近年来，随着科技的发展，电动喷雾器、手提式水雾烟雾机、背负式弯管烟雾机、植保无人机、履带式喷药车、大型喷杆喷雾机等新型防治器械发展迅速，被广泛应用于生产实践，取得了较好的防治效果。这类新型防治器械具有节省人力、农药损耗低、作业效率高、防治效果好等特点，是现代农业发展的必然选择，在病虫害防控时应首先选用；选用生物农药和高效、低毒、低残留化学农药，用生物农药替代化学农药、低毒农药替代中等毒性农药等毒性农药替代高毒农药严格遵守高毒禁限用农药使用规定，严禁在蔬菜、茶叶、果树、中药材等作物上使用高毒农药，严格掌握农药使用安全间隔期，严格控制农产品中农药残留量，杜绝农残超标现象，一种农药在一种作物的生长周期内只使用一次；准确配置农药，核定施药面积，按农药标签推荐使用剂量，准确计算用药量和配置的药液量，采用"二次稀释法"配置农药，不随意加大或减少用药量、用水量，在专用的容器中搅拌混匀。一般配置药液量根据作物群体的大小及施药器械而定，保证药液能均匀地洒到作物上。农药废弃包装物和残液要集中处置，不能随意丢弃和抛洒；安全施用农药，根据病虫草害发生程度和药剂性能，结合植保技术机构病虫防治信息，确定最佳施药时期；选用适宜的防治器械，施药作业前调校准确；采用适宜的施药方法施药，如喷雾法应均匀喷洒、雾化好，防止重喷、漏喷；对准靶标位置施药，如防治稻飞虱施药部位是稻株的中下部，防治稻纵卷叶螟的施药部位是上部嫩叶部分等。另外，避免在高温、雨天及大风天气喷药。施药后及时检查防效，如防效不理想，应及时补救。同时，应做好施药人员的安全防护。降低农药残留量，影响农药残留的因子很多，如农药品种及剂型、施药量、施药方法、施药时期、天气情况、作物种类、安全间隔期等。其中，农药品种、用药量及安全间隔期对农药残留量影响最大。选用高效、低毒、易降解的农药品种是前提，控制农药用量、降低农药使用次数是关键，严格掌握农药安全间隔期是保证，同时禁止使用国家明令禁止使用的农药；推广农药安全使用集成技术，推广绿色防控技术，应用农业、物理、生物、生态等综合防治技术以及科学用药技术，达到有效控制作物病虫害，确保农产品质量安全。推广农药减量化使用技术，落实农药使用零增长行动。培育专业化防治组织，引导专业化防治队开展统防统治及社会化服务。推进专业化统防统治与绿色防控融合，集成示范推广综合配套的专业化技术服务模式，逐步实现农作物病虫害全程绿色防控规范化作业、规模化实施。

四是做好农药的购买、运输和保管工作。农药由使用单位指定专人凭证购买。买农药时必须注意农药的包装，防止破漏。注意农药的品名、有效成分含量、出厂日期、使用说明等，鉴别不清和质量失效的农药不准使用；运输农药时，应先检查包装是否完整，发现有渗漏、破裂的，应用规定的材料重新包装后运输，并及时妥善处理被污染的地面、运输工具和包装材料。搬运农药时要轻拿轻放；农药不得与粮食、蔬菜、瓜果、食品、日用品等混载、混放；农药应集中在作业组或专业队设专用库、专用柜和专人保管，不能分户保存。门窗要牢固，通风条件要好，门、柜要加锁；农药进出仓库应建立登记手续，不准随意存取。

五是剩余农药和农药包装物的合理处置，未用完的剩余农药严密包装封存，需放在专用的儿童、家畜触及不到的安全地方。不可将剩余农药倒入河流、沟渠、池塘，不可自行掩埋、焚烧、倾倒，以免污染环境。施药后的空包装袋或包装瓶应妥善放入事先准备好的塑料袋中带回处理，不可作为他用，也不可乱丢、掩埋、焚烧，应送农药废弃物回收站或环保部门处理。

97. 如何配制农药？

配制农药首先要弄清楚药剂浓度的表示法，然后按照药剂使用说明书进行稀释计算配制。

我国在生产上常用的药剂浓度表示法有倍数法、百分比浓度（％）和百万分浓度法。其中，倍数法是指药液（药粉）中稀释剂（水或填料）的用量为原药剂用量的多少倍，或者是药剂稀释多少倍的表示法。生产上往往忽略农药和水的密度差异，即把农药的密度看作1。通常有内比法和外比法两种配法。用于稀释100倍（含100倍）以下时用内比法，即稀释时要扣除原药剂所占的1份。如稀释10倍液，即用原药剂1份加水9份。用于稀释100倍以上时用外比法，计算稀释量时不扣除原药剂所占的1份，如稀释1 000倍液，即可用原药剂1份加水1 000份。百分比浓度（％）是指100份药剂中含有多少份药剂的有效成分。百分浓度又分为重量百分浓度和容量百分浓度。固体和固体之间或固体与液体之间，常用重量百分浓度；液体与液体之间常用容量百分浓度。

农药的稀释计算，常用的方法有按有效成分计算和按稀释倍数计算。

① 按有效成分计算，计算公式为：

原药剂浓度×原药剂重量＝稀释药剂浓度×稀释药剂重量。

求稀释剂重量，计算100倍以下时：

稀释剂重量＝原药剂重量×（原药剂浓度－稀释药剂浓度）/稀释药剂浓度。

例如：用40％嘧霉胺可湿性粉剂5千克，配成2％稀释液，需加水多少？

$$5千克×（40％－2％）/2％＝95千克$$

计算1 000倍以上时：

稀释剂体积＝原药剂体积×原药剂浓度/稀释药剂浓度。

例如：将 50 毫升 80％敌敌畏乳油稀释呈 0.05％浓度，需加水多少？

　　　　50 毫升×80％/0.05％＝80 000 毫升＝80 升

求用药量，原药剂体积＝稀释药剂体积×稀释药剂浓度/原药剂浓度。

例如：要配制 0.5％香菇多糖水剂 1 000 毫升，求 25％香菇多糖乳油用量？

　　　　1 000 毫升×0.5％/25％＝20 毫升

② 根据稀释倍数计算，此法不考虑药剂的有效成分含量。

计算 100 倍以下时，计算公式为：

稀释剂体积＝原药剂体积×稀释倍数－原药剂体积。

例如：用 40％氰戊菊酯乳油 10 毫升加水稀释成 50 倍药液，求水的用量。

　　　　10 毫升×50－10 毫升＝490 毫升

计算 100 倍以上时，计算公式为：

　　　　稀释剂体积＝原药剂体积×稀释倍数。

例如：用 80％敌敌畏乳油 10 毫升加水稀释成 1 500 倍药液，求水的用量。

　　　　10 毫升×1 500＝15 000 毫升＝15 升

98. 什么是农药安全间隔期？

农药安全间隔期是指为保证农产品的农药残留量低于规定的容许量，在最后一次向作物施用农药到作物收获时的间隔时间。其不同于农药使用间隔期和农药残效期，使用间隔期是两次或两次以上施药中的间隔时间，而残效期是指农作物上喷施农药后，在自然条件下能保持一定防治效果的时间。安全间隔期的长短，取决于农药的品种、作物品种、施药方法、施药量及气象条件

等。根据农药的特性，对各种作物制定出安全间隔期，以限制最
后一次施药时期，是农药残留量控制在国家规定的容许范围内，
是确保食用安全的重要措施。目前我国颁布《农药安全使用准
则》详细公布了不同药剂在不同作物上施用的安全间隔期。且
2017 年 6 月 1 日起施行的《农药管理条例》规定，实行农药生
产许可制度，要求生产企业建立进销货查验及台账制度，农药出
厂须经质量检验合格，用于食用农产品的农药，其标签要标注安
全间隔期。

表 11 - 1　蔬菜部分常用农药安全间隔期列表

农药类型	名称	安全间隔期（天）
杀菌剂	75％百菌清	≥7
	77％氢氧化铜可湿性粉剂（可杀得）	3～5
	50％异菌脲可湿性粉剂（扑海因）	4～7
	70％苯丙咪唑可湿性粉剂（甲基硫菌灵）	5～7
	50％乙烯菌核利可湿性粉剂（农利灵）	4～5
	50％加瑞 58％瑞毒霉锰锌可湿性粉剂	2～3
	64％噁霜灵锰锌可湿性粉剂（杀毒矾）	3～4
	20％三唑铜（粉锈宁）	≥3
	64％噁霜灵锰锌	≥3
	58％甲霜灵锰锌	≥5
	50％：N（3,5-二氯苯基）-1,2-二甲基环丙烷-1,2，二羰基亚胺（腐霉利）	≥1
	80％代森锰锌	≥10
	50％苯并咪唑（多菌灵）可湿性粉剂	≥15
杀虫剂	10％戊酸氰醚酯乳油（氯氰菊酯）	2～5
	2.5％溴氯菊酯	2
	2.5％除虫菊酯类乳油（功夫乳油）	7
	5％顺式氰戊菊酯（来福灵乳油）	3

（续）

农药类型	名称	安全间隔期（天）
杀虫剂	5％2-N，N-二甲基氨基-5,6-二甲基嘧啶-4-基N，N-二甲基氨基甲酸酯（抗蚜威可湿性粉剂）	6
	1.8％爱福丁乳油	7
	10％顺式氯氰菊酯（快杀敌乳油）	3
	5％醚菊酯可湿性粉剂（多来宝）	7
	25％喹硫磷	≥5
	10％醚菊酯悬浮粉剂（多来宝）	≥7
杀螨剂	50％溴螨酯乳油	14
	50％双〔三（2-甲基-2-苯基丙基）锡〕氧化物可湿性粉剂（托尔克）	7
	73％2-（4-叔丁基苯氧基）环己基丙-2-炔基亚硫酸酯乳油（克螨特）	≥7

99. 农药安全间隔期设定有什么实际意义？

设定农药安全间隔期是非常必要的。农药安全间隔期的设定是有效保障农产品质量安全的现实需求。近年来，随着全球气候变化、种植结构调整和种植方式改变，农作物重大病虫害发生时间和区域随之改变，病虫害发生呈现整体加重、早发、多发态势，同时有害生物抗药性的产生也给生产者造成了依赖农药进行病虫害防治是唯一有效方法的错觉，导致农药使用量增加和违规使用现象频发。我国《食品中农药最大残留限量》国家标准中明确规定了食品中322种农药2 293项最大残留限量指标，对农业生产中农药使用提出了新要求，只有严格按照批准的农药标签合理施用农药，并在规定的安全间隔期以外采收，才能保证农产品中农药残留量符合国家标准要求。

设定农药安全间隔期也是政府依法履行职能的迫切需要。

《中华人民共和国农产品质量安全法》第 25 条规定"农产品生产者应当按照法律、行政法规和国务院农业行政主管部门的规定。合理使用农业投入品，严格执行农业投入品使用安全间隔期或者休药期的规定，防止危及农产品质量安全。"《农药管理条例》第 27 条规定"使用农药应当遵守国家有关农药安全、合理使用的规定，按照规定的用药量、用药次数、用药方法和安全间隔期施药，防止污染农副产品。"《中华人民共和国食品安全法》第 35 条规定"食用农产品生产者应当依照食品安全标准和国家有关规定使用农药、肥料、生长调节剂、兽药、饲料和饲料添加剂等农业投入品。"因此，设定农药安全间隔期，推行安全合理用药，是依法履行法律法规赋予农业部门的职责。

设定农药安全间隔期也是国内外农药安全使用的普遍做法。FAO/WHO《国际农药供销与使用行为守则》实施规范中的《农药登记资料要求指南》第 4.1.2 条规定"为管理当局对登记使用农药进行充分评价，并做出决定，应提交以下信息：停止期（Withholding periods）、安全间隔期（Safe interval）、进入间隔期（Re-entry periods）、等待期（Waiting periods）和其他预防措施保护人们、家畜和环境"。FAO/WHO 农药残留联席会议（JMPR）和国际食品法典委员会在评估和制定农药最大残留限量标准时，还推荐了对应的农药剂型、用药量、使用次数和安全间隔期。美国、欧盟、日本等国家和地区的农药管理法规中都对农药使用明确规定要提供农药安全间隔期。欧盟推行 12 年 GAP 后，基本上解决了农产品质量安全问题，我国于 1989 年开始制定农药安全使用标准，从 2000 年开始制定农药合理使用准则，两者都规定了农药安全间隔期。

100. 无公害辣椒生产禁用化学药剂都有哪些？

根据 2019 年《国家禁用和限用的农药名单》规定，目前全面禁止使用的农药（46种）有六六六、滴滴涕、毒杀芬、二溴氯丙烷、对硫磷、磷胺、久效磷、甲胺磷、甲基对硫磷、杀虫脒、二溴乙烷、除草醚、艾氏剂、狄氏剂、汞制剂、砷类、铅类、敌枯双、氟乙酰胺、甘氟、毒鼠强、氟乙酸钠、毒鼠硅、苯线磷、地虫硫磷、甲基硫环磷、磷化钙、磷化镁、磷化锌、硫线磷、蝇毒磷、治螟磷、特丁硫磷、氯磺隆、福美胂、福美甲胂、胺苯磺隆、甲磺隆、百草枯、三氯杀螨醇、林丹、硫丹、溴甲烷、氟虫胺、杀扑磷、2,4-滴丁酯。限制使用的有甲拌磷、甲基异柳磷、内吸磷、克百威、涕灭威、灭线磷、硫环磷、氯唑磷、毒死蜱、三唑磷等。

101. 辣椒生产标准都有哪些？

随着我国辣椒生产面积的不断扩大，为促进辣椒安全规范生产，中央和地方农业部门均纷纷制定了辣椒无公害生产技术规程和标准。具体见下表。

表 11-2 全国各地辣椒生产技术规程、标准

编号	规程、标准名称	所属地区
DB52/T 899-2014	无公害辣椒大棚生产技术规程	贵州
DB37/T 1510-2010	无公害食品露地辣椒生产技术规程	山东
DB23/T 1113-2007	无公害食品露地辣椒生产技术规程	黑龙江
DB36/T 466-2005	无公害食品辣椒生产技术规程	江西
DB45/T 211-2005	亚热带无公害辣椒生产技术规程	广西
DB41/T 359-2004	无公害蔬菜辣椒生产技术规程	河南
DB63/T 413-2002	无公害辣椒保护地生产技术规程	青海
DB54/T 0004-2018	无公害农产品辣椒保护地生产技术规程	西藏
DB22/T 2811-2017	无公害农产品辣椒露地延后生产技术规程	吉林

（续）

编号	规程、标准名称	所属地区
DB22/T 933 - 2015	无公害农产品红辣椒生产技术规程	吉林
DB45/T 966 - 2014	无公害农产品辣椒生产技术规程	广西
DB22/T 1501.7 - 2012	无公害农产品塑料大棚辣椒生产技术规程	吉林
DB65/T 3402 - 2012	无公害食品辣椒高效日光温室生产技术操作规程	新疆
DB65/T 3023 - 2009	无公害农产品日光温室辣椒生产技术规程	新疆
DB62/T 1573 - 2007	无公害农产品酒泉辣椒日光温室生产技术规程	甘肃
DB62/T 1570 - 2007	无公害农产品 酒泉辣椒露地生产技术规程	甘肃
DB62/T 1400 - 2006	无公害农产品 嘉峪关 日光温室辣椒生产技术规程	甘肃
DB62/T 1143 - 2004	金昌市无公害农产品生产技术规程 保护地辣椒	甘肃
DB62/T 1078 - 2003	张掖市无公害农产品生产技术规程 保护地辣椒	甘肃
DB65/T 2076 - 2003	无公害食品 辣椒保护地无土栽培生产技术规程	新疆
DB65/T 2074 - 2003	无公害食品 辣椒保护地生产技术规程	新疆
DB51/T 365 - 2003	无公害农产品生产技术规程 辣椒	四川
DB62/T 1040 - 2003	无公害农产品宁夏回族自治州保护地辣椒生产技术规程	甘肃
DB62/T 915 - 2002	武威市无公害农产品生产技术规程 露地辣椒	甘肃
DB62/T 914 - 2002	武威市无公害农产品生产技术规程 保护地辣椒	甘肃

（续）

编号	规程、标准名称	所属地区
DB62/T 837－2002	兰州市无公害蔬菜生产技术规程　辣椒	甘肃
DB42/T 384－2006	无公害食品　高山辣椒	湖北
DB42/T 385－2006	无公害食品　辣椒高山栽培技术规程	湖北
DB36/T 465－2005	无公害食品　辣椒	江西
DB41/T 338－2004	无公害小辣椒	河南
DB32/T 536－2002	无公害辣椒塑料大棚栽培技术规程	江苏
GB/Z 26583－2011	辣椒生产技术规范	中国
DB63/T 921－2019	绿色食品　线辣椒生产技术规程	青海
DB34/T 563－2018	绿色食品（A级）辣椒生产技术规程	安徽
DB41/T 1473－2017	绿色食品　辣椒生产技术规程	河南
DB41/T 1474－2017	干制小辣椒露地生产技术规程	河南
DB36/T 917－2016	绿色食品　余干辣椒生产技术规程	江西
DB32/T 2829－2015	葡萄"小辣椒"避雨生产技术规程	江苏
DB65/T 3583－2014	温室有机辣椒生产技术规程	新疆
DB43/T 826－2013	富硒辣椒生产技术规程	湖南
DB22/T 1597－2012	绿色食品　红辣椒生产技术规程	吉林
DB32/T 1997－2012	红辣椒秋延后大棚生产技术规程	江苏
DB51/T 1395－2011	加工专用红辣椒生产技术规程	四川
DB45/T 762－2011	有机辣椒　生产技术规程	广西
DB63/T 921－2010	绿色食品　线辣椒生产技术规程	青海
DB37/T 1501－2010	绿色食品　露地辣椒生产技术规程	山东
DB65/T 2981－2009	绿色食品　辣椒生产技术规程	新疆
DB46/T 98－2007	黄灯笼辣椒生产技术规程	海南
DB51/T 726－2007	大棚辣椒生产技术规程	四川
DB32/T 1083－2007	小辣椒生产技术规程	江苏
DB62/T 1654－2007	绿色食品　陇南辣椒生产技术规程	甘肃

（续）

编号	规程、标准名称	所属地区
DB42/T 188 - 2006	绿色食品　干辣椒生产技术规程	湖北
DB32/T 1002 - 2006	绿色食品　辣椒生产技术规程	江苏
DB37/T 648 - 2006	益都红辣椒生产技术规程	山东
DB51/T 461 - 2004	绿色食品　辣椒生产技术规程	四川

名词解释
INTERPRETATION

光照度：物理术语，指单位面积上所接受可见光的光通量。

土壤持水量：某种状态的土壤抵抗重力所能吸持的最大水量。以占土壤体积的百分数表示，用于比较土壤的保水能力。

种子引发技术：种子引发（seed priming）技术是基于种子萌发的生物学机制提出的，目的是促进种子萌发，并且提高萌发时间的稳定率和萌发整齐率，减小萌发时间的标准差，提高苗的抗性和素质、改善营养状况。引发主要通过渗透调节、温度调节、气体调节和激素调节等来达到目的。

相对湿度：空气中水汽压与饱和水汽压的百分比。

徒长苗：须根少，茎细长；子叶脱落早，叶片大而薄，叶色淡绿，叶柄较长；定植后缓苗慢，易发病和落花落果。

老化苗：根系老化，新根少而短，颜色暗。茎细而硬，株矮，节过短，叶片小而厚，颜色深暗绿色，硬脆而无韧性，定植后生长慢，开花结果晚，前期花易落。前期坐果易出现坠秧现象。

土传病害：是指病原体如真菌、细菌、线虫和病毒随病残体生活在土壤中，条件适宜时从作物根部或茎部侵害作物而引起的病害。

水溶性肥料：是一种可完全、迅速溶解于水的单质化学肥料、多元复合肥料或功能型有机水溶性固体或液体肥料，具有易被作物吸收，可用于灌溉施肥、叶面施肥、无土栽培、浸种蘸根等特点。广义上，水溶性肥料是指完全、迅速溶于水的大量元素单质水溶性肥料（如尿素、氯化钾等）、水溶性复合肥料（磷酸一铵、磷酸二铵、硝酸钾、磷酸二氢钾等）、农业农村部行业标准规定的水溶性肥料（大量元素水溶肥、中量元素水溶肥、微量元素水溶肥、氨基酸水溶肥、腐殖酸水溶肥）和有机水溶性肥料等。狭义上水溶性肥料是指完全、迅速溶于水的多元复合肥料或功能型有机复混肥料，特别指农业农村部行业标准规定的水溶性肥料产品。该类水溶性肥料是专门针对光改施肥（滴灌、喷灌、微喷灌等）和叶面施肥而言的高端产品，满足针对性较强的区域和作物的养分需求，需要较强的农化服务技术指导。

连作障碍：是农作物栽培中一种常见的问题，是指在正常的管理措施下，同一块地连续多年种植相同作物（连作）造成作物产量降低、品质变劣、生长状况变差、病虫害发生加剧的现象。日本称之为连作障碍或连作障害，欧美国家称之为再植病害或再植问题，我国常称之为"重茬问题"。

自毒作用：植株通过淋溶、残体粉剂、根系分泌向环境中释放化学物质，而对自身产生的直接或间接的毒害作用，这种现象被称为自毒作用。

栽培制度：是指在一定时间内、在一定土地面积上安排布局和茬口接替的制度。它包括轮作、间作、套作、复种及排开播种等，并与合理施肥、灌溉制度、土壤耕作和休闲制度相结合。它充分体现了我国农业精耕细作的优良传统。

轮作：通称"倒茬"或"换茬"，是指同一地块上，按一定的年限，轮换栽种几种亲缘关系较远或性质不同的蔬菜作物。轮作是合理利用土壤肥力、减轻病虫害的有效措施。在进行蔬菜轮作时应遵循以下原则，吸收营养不同、互不侵染病虫害、能改进土壤结构、对土壤酸碱度有不同要求、前茬作物对杂草的抑制作用。

间作：将两种或两种以上的蔬菜隔畦、隔行或隔株同时有规则地栽培在同一块土地上称为"间作"。

混作：将不同蔬菜不规则地混合种植称为"混作"。

套作：前茬作物生育后期在它的行间或株间种植后茬作物，前后作物共生的时间较短称为"套作"。

间苗：无论采用条播还是穴播，由于受到种子发芽率大小以及土壤水分、温度和气体条件等限制，常取田间应有植株5倍以上的播种量进行播种，这样能够出苗的植株必然会超出实际需要，必须用人工方法将其间除，这个过程称为"间苗"。

定植：在设施或露地培育的幼苗，长到一定大小后，就要移栽到设施或露地里生长，这一次移栽称"定植"。

整枝：对于茄果类和瓜类蔬菜来说，如放任其自然生长，则会枝繁叶茂，结果不良，为保证每一时期有一个适宜的源库单位、有利于植株养分积累、形态建成和器官分化，对植株部分枝条的去留称为"整枝"。

摘心：是指除去生长枝稍的顶芽，又叫打尖或打顶。可抑制生长，促进花芽分化，调节营养生长和生殖生长的关系。

打杈：即摘除侧芽，一些植物的侧枝萌发能力非常强，若任其自然生长，则会枝蔓繁生，导致结果不良或不能结果。而通过摘除侧芽，可调整植株营养器官和生殖器官的比例，提高经济系数，达到高产的目的。

中耕：是蔬菜生长期间于雨后或灌溉后在株、行间进行的土壤耕作，有时结合除草同时进行。

培土：是在植株生长期间将行间土壤分次培于植株根部的耕作方法，一般结合中耕除草进行。北方地区的趟地就是培土的方式之一，南方地区培土作业可加深畦沟，利于排水。

参考文献

安中立，贺稚非，2008. 辣椒制品辣度分级及辣椒碱的抑菌研究 [D]. 重庆：西南大学.

曹春信，朱花芳，袁名安，等，2012. 辣椒几种真菌性病害的识别要点与防治措施 [J]. 农业灾害研究 (7)：15-19.

戴雄泽，2008. 漫话辣椒的起源和传播 [J]. 辣椒杂志 (3)：49.

耿三省，王德欣，等，2015. 我国南菜北运基地辣椒品种市场需求变化趋势 [J]. 中国蔬菜 (12)：1-3.

苟红敏，何剑，李永平，2018. 农药科学合理安全使用技术 [J]. 现代农业科技 (11)：142-146.

郭红伟，2011. 连作对土壤性状和辣椒生育、生理代谢的影响 [D]. 南京：南京农业大学.

郭红伟，郭世荣，刘来，等，2012. 辣椒连作对土壤理化性状、植株生理抗性及离子吸收的影响 [J]. 土壤，44 (6)：1041-1047.

贺桂英，罗桢彬，乔智军，2019. 日光温室辣椒病毒病和茶黄螨区分与防治 [J]. 西北园艺 (3)：53-54.

洪雨顺，杨德，2006. 辣椒种质资源遗传多样性保护和利用研究进展 [J]. 中国农学通报，22 (2)：358-360.

黄兴学，周国林，张润花，等，2018. 华中地区秋延后辣椒高效栽培技术 [J]. 长江蔬菜 (17)：30-31.

黄贞，常绍华，2008. 南方辣椒主要病虫害综合防治技术 [J]. 辣椒杂志 (2)：17.

黎苏州，伏世凤，刘津，2018. 高海拔辣椒高密度栽培试验研究 [J]. 乡村科技 (11)：72.

李兵，2016. 辣椒通过修剪再生延后的栽培管理技术措施 [J]. 园艺种业

（12）：55.

李焕玲，2014. 辣椒真菌性病害发生的种类 ［J］. 长江蔬菜（21）：43 - 45.

李纪民，2010. 辣椒病毒病的发生于防治技术 ［J］. 现代农业科技（18）：156 - 158.

李季，王永泉，眭晓蕾，等，2010. 北京市果类蔬菜产业需求调研报告 ［J］. 北京农业（增刊）：56 - 67.

李丽平，唐有万，等，2018. 四川地区辣椒冬季双拱棚育苗关键技术 ［J］. 辣椒杂志（3）：18.

李颖，翟英芬，等，2007. 辣椒种子干热消毒处理对发芽率的影响 ［J］. 长江蔬菜（3）：60.

邵明珠，史明会，胡淼，等，2019. 宜昌分乡土辣椒剪枝再生栽培技术 ［J］. 长江蔬菜（15）：33.

施新杭，翁晓星，等，2019. 绿色环保高效的土壤消毒技术—火焰高温消毒分析 ［J］. 技术与装备（1）：83.

宋金荣，2012. 辣椒生理性病害的发生与防治 ［J］. 现代农业（3）：40 - 41.

汪波，刘建，李波，等，2015. 夏季遮阳网覆盖对塑料薄膜大棚小气候的影响 ［J］. 江苏农业科学，43（10）：479 - 483.

汪清，2016. 浅谈农业有害生物综合防治 ［J］. 农业开发与装备（7）：105.

王述彬，袁希汉，邹学校，等，2001. 中国辣椒优异种质资源评价 ［J］. 江苏农业学报，17（4）：244 - 247.

王永平，何嘉，等，2010. 我国辣椒国内外市场需求及变化趋势 ［J］. 北方园艺（1）：213 - 216.

徐振兴，2018. 北方辣椒剪枝复壮再生果枝秋延后栽培技术研究 ［J］. 园艺种业（1）：70.

闫建伟，2015. 我国辣椒价格波动特征的实证分析—基于 2008—2015 年 89 个月度的辣椒价格数据调查 ［J］. 辣椒杂志（4）：31.

于海东，郑艳，2016. 温室辣椒再生栽培管理技术要点 ［J］. 栽培技术（25）：88.

余文中，刘崇政，赖卫，2008. 辣椒种子不同播种深度对幼苗生长发育的影响 ［J］. 长江蔬菜（22）：55 - 56.

余霞，徐蓉，张蕾，2016. 辣椒再生栽培技术试验 ［J］. 实验研究（17）：32.

俞洪丽，2013. 辣椒的主要功能物质及其用途［J］. 农田水利（16）：98.

张芳，2015. 辣椒缺素症状及科学施肥［J］. 河南农业（21）：14.

张泽锦，唐丽，2019. 四川秋延后避雨大棚辣椒再生栽培技术要点［J］. 四川农业科技（6）：13.

赵帮宏，宗义湘，乔立娟，等，2019.2019 年我国辛辣类蔬菜产业发展趋势与政策建议［J］. 中国蔬菜（6）：1-5.

周颖，2003. 蔬菜常用农药的安全间隔期［J］. 农资咨询（9）：13.

图书在版编目（CIP）数据

设施辣椒栽培与病虫害防治百问百答／王帅主编．
—北京：中国农业出版社，2021.5
（设施园艺作物生产关键技术问答丛书）
ISBN 978 - 7 - 109 - 27706 - 9

Ⅰ.①设⋯　Ⅱ.①王⋯　Ⅲ.①辣椒－蔬菜园艺－设施
农业－问题解答 ②辣椒－病虫害防治－问题解答　Ⅳ.
①S628 - 44 ②S436.418 - 44

中国版本图书馆 CIP 数据核字（2021）第 003090 号

中国农业出版社出版
地址：北京市朝阳区麦子店街 18 号楼
邮编：100125
责任编辑：丁瑞华　黄　宇
版式设计：王　晨　责任校对：周丽芳
印刷：中农印务有限公司
版次：2021 年 5 月第 1 版
印次：2021 年 5 月北京第 1 次印刷
发行：新华书店北京发行所
开本：850mm×1168mm　1/32
印张：5　插页：4
字数：140 千字
定价：30.00 元

彩图2　辣椒叶片常见叶形

彩图1　辣椒茎秆

彩图3　辣椒果实（部分栽培种）

彩图 4　塑料大棚

彩图 5　辣椒穴盘育苗

彩图 6　营养钵育苗

彩图7　地热线铺设

彩图8　辣椒嫁接苗管理
棚室准备

彩图9　辣椒嫁接苗管理

彩图10　农大24号

彩图11　清洁残体

彩图12　棚室表面消毒

彩图13　臭氧消毒

彩图14　土壤火焰消毒

彩图15　二道幕

彩图16　早春多层覆盖提早定植

彩图17　多层覆盖辣椒田间生产表现

彩图18　塑料大棚整体遮阳降温

彩图19 "利凉"涂料遮阳降温

彩图20 "甩泥法"遮阳降温

彩图21 竹竿搭架固定

彩图22 吊绳吊蔓

彩图24　白粉病危害症状

彩图23　辣椒吊绳植株固定

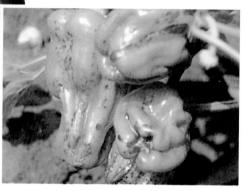

彩图25　辣椒果实病毒病危害症状

彩图26　病毒病危害甜椒果实和叶片

彩图27　茶黄螨危害辣椒生长点

彩图28　轻微沤根秧苗

彩图29　正常秧苗

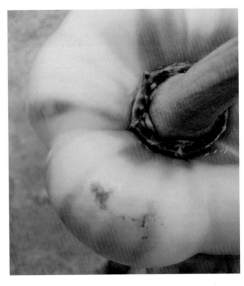

彩图30　蓟马危害果实症状